100億円企業を築いた
愛と絆と感謝

小野寺茂

牧野出版

100億円企業を築いた愛と絆と感謝

◆目次

プロローグ

第1章 グラントってどんな会社？

第2章 ビジネスで人を育てる

第3章 年商100億円の裏側

第4章 稲井田章治って誰だ?

100億円企業を築いた
愛と絆と感謝

プロローグ

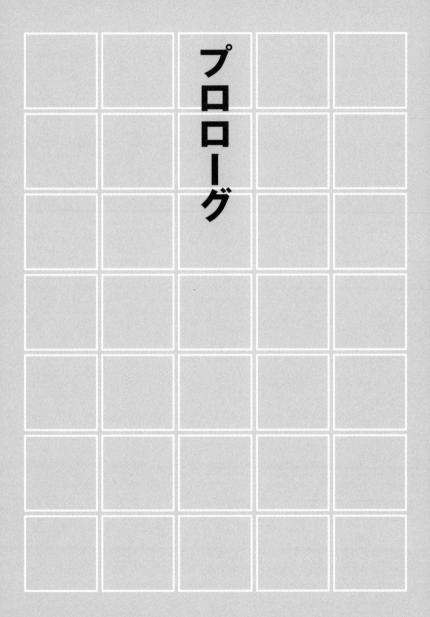

某企業の研修会が開かれるという静岡県焼津市のホテルに到着した。

ホテル入り口に着くと、いきなり不自然な光景が目に入った。

キラキラと輝いている女性たちが、大きなキャリーバッグを引きながら続々とホテルに入ってゆく。何やら久しぶりの再会を大声で喜んでいる人たち。20代もいるが、多くは30～40代以上が中心であろうか。そろって、表情は明るく、元気が良い。

ホテル内の研修会場に入ると、異様な光景が広がっていた。会場はほぼ満席。

ざっと数えて、２００人はいるだろうか。しかも女性ばかりで、男性は探さないと見つからない程度だ。何と表現すればいいのか、男性アイドルグループのコンサートというほど客の年齢層は若くないが、これから待ちに待った楽しいイベントが始まるという熱気がムンムンと感じられる。


いよいよ研修会が始まった。細身の中年の男が登場すると、会場は破れんばかりの拍手が起こった。中には立ち上がって拍手する者もいた。その中年の男は、一通りのあいさつを済ませ、本題に入ってゆく。身振り手振りを交え、話は流れるように展開してゆく。

この男が少しお道化けて見せると、会場はどっと笑いに包まれる。

「12年前、55歳の時に会社を設立しました。だから、今は37歳になりました」

これだけで笑いが起きるのだ。こちらはどこがおかしいのか、まったく意味不明。会場一体を包むこの過剰な笑いに、冒頭からわたしの頭上には「???」とクエスチョンマークが何個も浮かんでいた。来てはいけない所に来てしまったような、場違いな感覚だ。

下手な冗談だけではない。この男は続けてこんなことを言った。

「最初、どういう会社を作ろうかと考えました。モノを作る会社はたくさんあります。モノを売る会社もたくさんあります。どっちみち作るんだったら、人を作る会社にしようと。こういう風に思いました」

ますます意味不明だ。なのに、会場を埋めた人々は、微動だにせず、じっと男の話に耳を傾けている。何人かは真剣にメモをとっている。男の話の節々に反応し、その度にメモを取る手の動きだけがはっきり確認できる。

「人が伸びていく会社が伸びていくんです。好きな仕事をすればいいんですが、成功したかったら、あなた自身が成功してください」

会場の半数近くが一斉に、ゆっくり、そして深くうなずく。男に言われて今、生まれて初めて気づいたかのようなリアクション。男の言葉によって、何か自分以外のものが憑依しているかのようだ。

なるほど、時間が経つにつれ、この男の言いたいことの輪郭は、だいたいつかめるようになった。だが、この会場の異様な雰囲気は、何と表現すればいいのだろう。

とにかく、会場内の何もかもが過剰に感じるのだ。たしかに、ところどころに気の抜けた笑いがあるにはある。しかし、この男の言葉を一言も聞き逃すまいとしてか、参加者の誰もが皆、男の話に全神経を集中しているかのような張り詰めた空気感。それが、部外者のわたしには、息が詰まるように感じるのかもしれなかった。

あるいは、視覚的なものの影響も考えられる。

例えば、服装。冒頭にも書いたが、会場内を彩る派手な衣装の数々は、およそ「研修会」という学びの場の性格に似つかわしくない。そのギャップが、より過剰さを増しているようにも思える。

椅子の並びもそうだ。机がないのは、おそらく人数の多さからだろう。だが、男を丸く囲むような半月状の配置は、男と会場の多くを占める女性たちとの一体感を演出し、客観的な思考を封印するのかもしれない。

いずれにせよ、ひとりの男と大勢の女性たちが向かい合い、互いに交感し合っていることだけは確かなように思える。おそらく、これから始まる十数時間にも及ぶ集中研修は、彼女たちにとって、苦痛を伴う鍛錬の場であるどころか、むしろ快楽を伴う祝祭の場であると言ってもよさそうだ。

参加者の表情は真剣だ。視線は1点、男に注がれている。時にジョークを交え、笑いを誘う、お道化た素振りを見せると、会場全体が大盛り上がり。

この不思議な一体感は、何だろう、この男はいったい何者なのか。

会場の隅っこで聞いていた部外者のわたしも、不自然な感じはまったくなく、むしろ話術に引き込まれてゆくのを感じた。

この中年の男、稲井田章治という。グラント・イーワンズという会社の社長である。

稲井田が研修会で話したことは、ごく単純なことだった。

ビジネスの結果は二の次。ただひたすら、モラリストとして生きよ——。

これが、すべてである。

これだけを聞くために、約200人もの人が万単位のお金を支払い、わざわざ遠方の会場まで足を運ぶ。言葉は悪いが、稲井田という人物は、かなりの「人たらし」の魅力があるようだ。

経営者としての能力よりもむしろ、この「人たらし」の魅力こそ、グラントという企業を解く大事なカギになるのではないかと、私は感じていた。

それは一本の電話から始まった。

「福井に面白い会社があるんですけど、取材してみませんか？」

出版社の社長から、こんな話をいただいたのは、2017年5月のことだった。長く月刊経済雑誌の編集をしていた経験から、お声を掛けていただいたのだろう。単発の編集記事ではなく、1冊の本にしたいという。断わる理由もないので、何もわからないまま、二つ返事でお受けすることにした。

話を聞くと、その会社は、①機能性（補正）下着のメーカーで、②代理店方式をとり、③売上高が100億円——という。この3つが、グラント・イーワンズ（以下、グラントと略記）に関して、わたしが得た最初の情報だった。もちろん、それ以前は会社の存在すら知らない。

福井県に本社がある補正下着の会社が、設立10年目で売上高100億円――。取材のテーマは、なぜ福井県で売上高100億円企業が成立したのか、その秘密を探ることだった。

しかし、埼玉県出身のわたしにとって、福井県は縁もゆかりもない。行ったこともなければ、友人知人もいない。いきなり「福井県」と言われ、県民の方々には申し訳ないが、即座に日本地図上の位置を正確にイメージすることすら、難しかった。

まして、福井県に関する情報は、まったくと言ってよいほど予備知識がない。すぐに思い浮かぶものと言えば、越前ガニと恐竜と、鯖江の眼鏡くらいか。確か、日本を代表するブランド米・コシヒカリ発祥の地だったような……。そんなレベルだ。これでは話にならない。

さっそく、福井県の公式ホームページにアクセスしてみる。

初心者用に簡単なデータを探すと、「一目でわかる福井のすがた」(2016年版、県総合政策部政策統計・情報課)という冊子データを発見。その中に、「福井県の全国順位トップ3」という、全国都道府県ランキングで福井県が上位3位以内の一覧表があった。

それによると、全国1位がなんと、こんなにあった(一部略、※印は数値が小さい順位が1位)。

「共働き世帯割合」「教育普及度(保育所)」「完全失業率(※)」
「女性の有業率」「正規就業者の割合」「就職率」
「高校新規卒業者の就職率」
「織物・衣服・身の回り品小売り店数/(人口1000人当たり)」
「平均貯蓄率/勤労者世帯」

総じて、若者から中高年まで、女性も含めて良く働き、しっかりお金を貯蓄するという真面目で堅実な県民性が浮かび上がってくる。一般的な暮らしぶりは、持ち家率が高く、しかも家が広くて、おじいちゃん、おばあちゃんと孫が仲良く元気に暮らす3世代同居のイメージだ。

福井県は、全国的なイメージこそ比較的地味な県だが、全国1位を誇るものが多く、意外とスゴいのだ。しかも、一部の限られた分野だけが突出してスゴイのではなく、総合的に水準が高い。そんな福井県の一般的な特徴を確認したうえで、次に経済データを簡単に見てみる。

福井県内で代表的な会社というと、どのような企業があるのか。『会社四季報』（東洋経済新報社、2017年4集）で売上高を基準にベスト5を調べてみると、以下の企業が浮かび上がった。

・三谷商事（3613億円）
・熊谷組（3447億円）
・セーレン（1080億円）
・PLANT（880億円）
・ゲンキー（833億円）

三谷商事は、商社。セメントなどの建設資材を主力に、石油からIT関連まで幅広く手掛ける。自動車販売やCATVなども展開する。

熊谷組は、準大手ゼネコン。本社は東京都新宿区だが、登記上の本店は福井県福井市にある。知名度は全国区だが、本店を福井に置くことは一般には知られていないはず。

セーレンは、繊維メーカー。自動車用シート材やエアバックなどのほか、スポーツ用などの衣料OEMも強い。

PLANTは、北陸や近畿地方の郊外でホームセンターやスーパーマーケットなど、総合的な大型ディスカウントストアを運営する。

ゲンキーは、福井県内を地盤に、岐阜、愛知、石川などでドラッグストアを展開。医薬品だけでなく、最近では生鮮食品にも力を入れている。

次に、グラントと同規模の売上高100億円企業を調べてみると、福井県内では、建築・測量土木CADが主力の福井コンピュータホールディングス（99億円）、リチウムイオン電池向け製品の田中化学研究所（132億円）などといったところが見つかった。

ちょっと、目線を変えてみよう。

100億円企業を日本全国に広げて探してみることにした。ある程度知名度のありそうな会社を任意にピックアップしてみると……。

・まんだらけ（漫画専門古書店最大手／91億円）
・ピエトロ（野菜用ドレッシング／98億円）

・やまみ（豆腐関連製品のメーカー／97億円）

・ユニカフェ（レギュラーコーヒーの焙煎・加工メーカー／110億円）

・養命酒製造（「養命酒」メーカー／122億円）

・リーバイ・ストラウスジャパン（米国アパレルの日本法人／123億円）

要するに、大手企業の経済活動を脇目に、ニッチなマーケットで勝負をしている特色ある企業が目立つ。メーカーでいえば、大企業が製造・販売する知名度抜群の製品というわけではないが、他に2つとない主力の看板商品を持ち、かつ消費者に支持され、地道に手堅い経営を続けている会社といえるだろう。

グラントもそんな位置にあるのではないかと、推測した。

少し古いデータだが、ある民間調査会社が2014年にまとめた「都道府県別・売上高別企業数」によると、福井県に本社を置く企業で売上高100億円を超えるのは35社。500億円超はわずか5社で、1000億円超となると2社しかない。県内事業所数の約4万2000のうち、会社が約2万社とすれば、0・002%の確率だ。

福井県で100億円の売り上げは、よほどのことがない限り、ありえない数字といってよい。しかも、設立から10年間で100億円なのである。

その、「よほどのこと」がグラントにはあるのだろう。だが、それは福井県の統計や経済データだけを見ただけではわからない。あれこれ想像をめぐらすことはできるが、机上の空論になっては説得力に欠ける。グラントの成長の秘密を解き明かすためには、グラントの関係者に直接会い、実際に取材を進めてみる必要がある。こうして、わたしの取材の旅は始まった。

取材で稲井田社長と初対面

2017年5月下旬。最初の取材は、いきなり福井だった。編集担当者から事前にもらった日程表を見ると、1泊2日だ。取材の前日夜に名古屋に入って1泊。翌日早朝、スチール写真の女性カメラマンと待ち合わせ、車で名古屋から福井まで行くという。わたしは着替えと取材道具一式をもって、新幹線で名古屋に向かったのだった。

取材当日。高速道路を順調に3時間ほど走っただろうか。高速を降り、福井市内に入ってカーナビが目的地周辺を示すと、少し場違いな印象のあるモダンな3階建てのビルが目に飛び込んできた。すぐにグラント本社だとわかった。

予定より早く着いたため、稲井田社長は本社にまだ入っていなかった。担当編集者とカメラマンとわたしの3人は、本社3階の応接室に案内された。部屋には10人ほどが囲んで座れる大きなテーブルがあり、そこで稲井田社長を待つことにした。目に飛び込んできたのは、壁に掲げられた大きな「一蓮托生」の書。この時点で、これが「美学と品格」と並ぶグラントの企業理念の1つであるという知識はまだない。

30分ほどが過ぎ、目の前にスーツ姿で現れたのは、細身で色黒の男性だった。稲井田社長本人である。この時、何よりもまず背が高いと感じたのは、とにかく線が細いという印象が強かったためかもしれない。実際の稲井田は173センチで、そんなに高いわけではない。いずれにせよ、一般的な「社長」のイメージからすると、若干、貧相な印象は拭えなかった。

中小企業の社長といえば、首都圏で育ったわたしは、例えば東京・下町の町工場を思い浮かべる。経営に頭を悩ませながらも、作業着姿で黙々と従業員とともに切磋琢磨する武骨で逞しい社長像だ。率直に言って、そうした先入観からは程遠いというのが、稲井田社

グラント・イーワンズ本社社屋

社内のティーラウンジ

長に対する第一印象だった。

これまで数多くの企業を取材してきたが、稲井田社長に直接会って、これから前例のない取材が始まるという予感が浮かんでいた。

どうして田舎で１００億円企業が生まれたのか。

この中年男を追いかける取材は、こうして幕を開けた。

第1章
グラントってどんな会社?

10年で急成長

株式会社グラント・イーワンズ（以下、グラントと略記）は、２００５年11月9日、福井県福井市で設立された。資本金７０００万円。機能性（補正）下着などの衣料品のほか、栄養補助食品、化粧品、寝具等の商品を取り扱う製造・販売会社だ。会社を代表する看板商品は、補正下着・ララシリーズだ。

株主構成は、代表の稲井田章治が50％、稲井田が代表を務めるグループ会社、ラオックスヘルシーが30％、エル・ローズが20％で、未上場企業だ。エル・ローズは同じ福井に本社を構える補正下着や機能性インナーのメーカーで、グラントの主力商品を委託製造している。

特筆すべきは、その業績だ。26ページの図表をご覧いただきたい。初年度の売上総額10億円から毎年、前年比で約１３０〜１５０％の売り上げを維持し、増収増益で右肩上がりに成長、10年目で売上１００億円超を達成している。一般消費が冷え込んでいるといわれるなか、中小のメーカーでこれだけの順調な伸びを維持し続けているのは、注目に値する。

企業評価は、民間信用調査会社・東京商工リサーチの評点で「69点」。これは5段階評

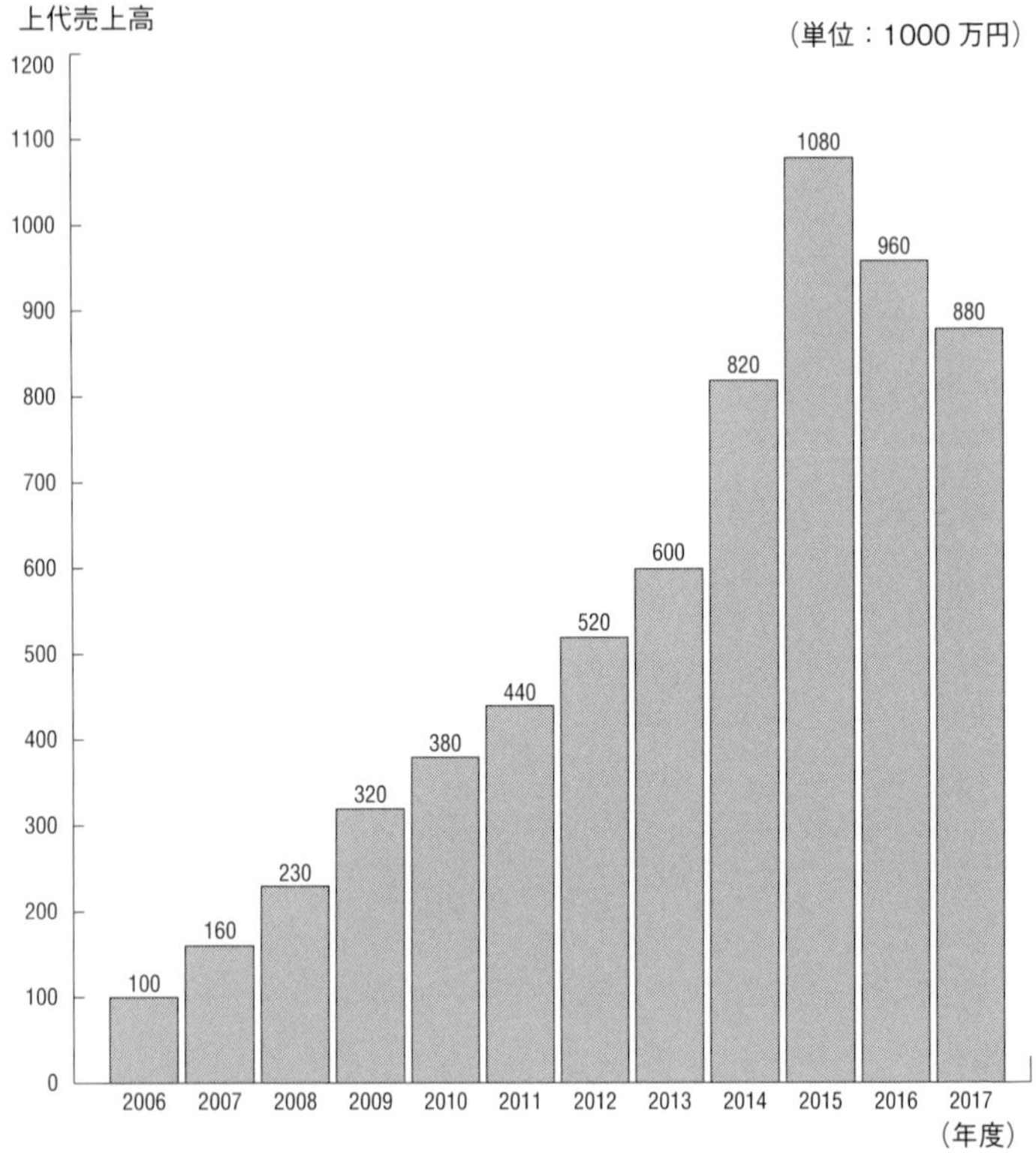
上代売上高
（単位：1000 万円）
1200
1100
1000
900
800
700
600
500
400
300
200
100
0
100
160
230
320
380
440
520
600
820
1080
960
880
2006
2007
2008
2009
2010
2011
2012
2013
2014
2015
2016
2017
（年度）

価で2番目に良い評価で、著名な上場企業に比べて勝るとも劣らず、同規模の未上場企業と比べても高い数値。未上場ながら、同社の経営が安定した信用度を保っていることがわかる。

11期目は年商96億円。前年比10％ダウンだが、稲井田は「企業は伸び続けると、かえって危ない。企業は土台を見直し、調整する『踊り場』が必要。10年間、突っ走ってきたけれども、100億円を達成したのを機に、11年から2、3年間は全体の経営体制を見直す期間にする」と話している。

グラント設立の経緯について、稲井田はこう言う。

「前にいた会社を2005年8月に辞めた。要するに、クビやね。クビになったのが、良かったんやね。会社がぼくをクビにしたことに対して、反発した人たち15人が一斉に辞表を出して、その人たちがぼくに一緒に何かやってくれと来た。すべては、その人たちからの要請で始まったんや。

一緒に働いていた仲間がいる。その人たちなのよ。ぼくのやってきたことを見ているわけ。なんで稲井田のような人間をクビにするんだ、という感じだった。そういう会社にはもう居られないと辞めてしまった。ぼくは『辞めるな』と言ったんだ。彼女たちも生活がかかっているし。それで、ぼくについていくから何かやってくれ、と言われて。でも、その時は『ちょっと考えさせてほしい』と言った。

いろいろ考えて、1カ月が過ぎ、9月末くらいになって決断した」

本人は「クビ」と言っているが、これには注釈が必要だ。稲井田の前職は代理店経営だったから、本社との契約関係はあるが、雇用関係はない。厳密に言えば「クビ」ではなく、代理店契約を事実上解除されたのだ。

前の会社からの「クビ宣告」から起業を決断するまで約1カ月。決断から新たな事業スタートまで、実質約2カ月。つまりグラントは、わずか2カ月ほどでスピード創業された会社ということになる。

ネットワーク方式

グラントが展開するビジネスの大きな特徴として、代理店方式を採用している点が挙げられる。基本的なビジネスモデルは、紹介者の仲介で本社から商品を購入して会員（代理店）になる。会員（代理店）は紹介によって購入者を増やし、その実績に応じた報酬が本社から支払われる。

法的に言うと、特定商取引法（特商法）の「連鎖販売取引」と規定されるビジネスとなる。一般には、ネットワークビジネス（NB）と呼ばれているものだ。

だが、ここで注目すべきは、そこではない。むしろ、「連鎖販売取引」と規定され、ネットワークビジネスの一種でありながら、グラントという会社がこれまでになかったような、まったく独自のビジネスを展開しているということである。

登録会員数の推移を見てみよう。初年度663人からスタートし、100億円超を売り上げた10年目に11万6308人に増加。11年目も伸びて、13万5722人。12年目の17年夏時点での最新の総会員数は14万8322人で、15万人に達する勢いだ。商品を紹介する代理店は全国各地にあり、地域代理店は2万524店、広域代理店が2278店、統括代理店が258店となっている。

グラントのビジネスは、商品のクオリティーを武器に、個人間の口コミだけでなく、店舗契約、企業契約にまで契約形態が広がっている。

店舗契約は、ブティック、美容室、エステサロン、ネイルサロン、整体、整骨院、カイ

物流と業務の流れ

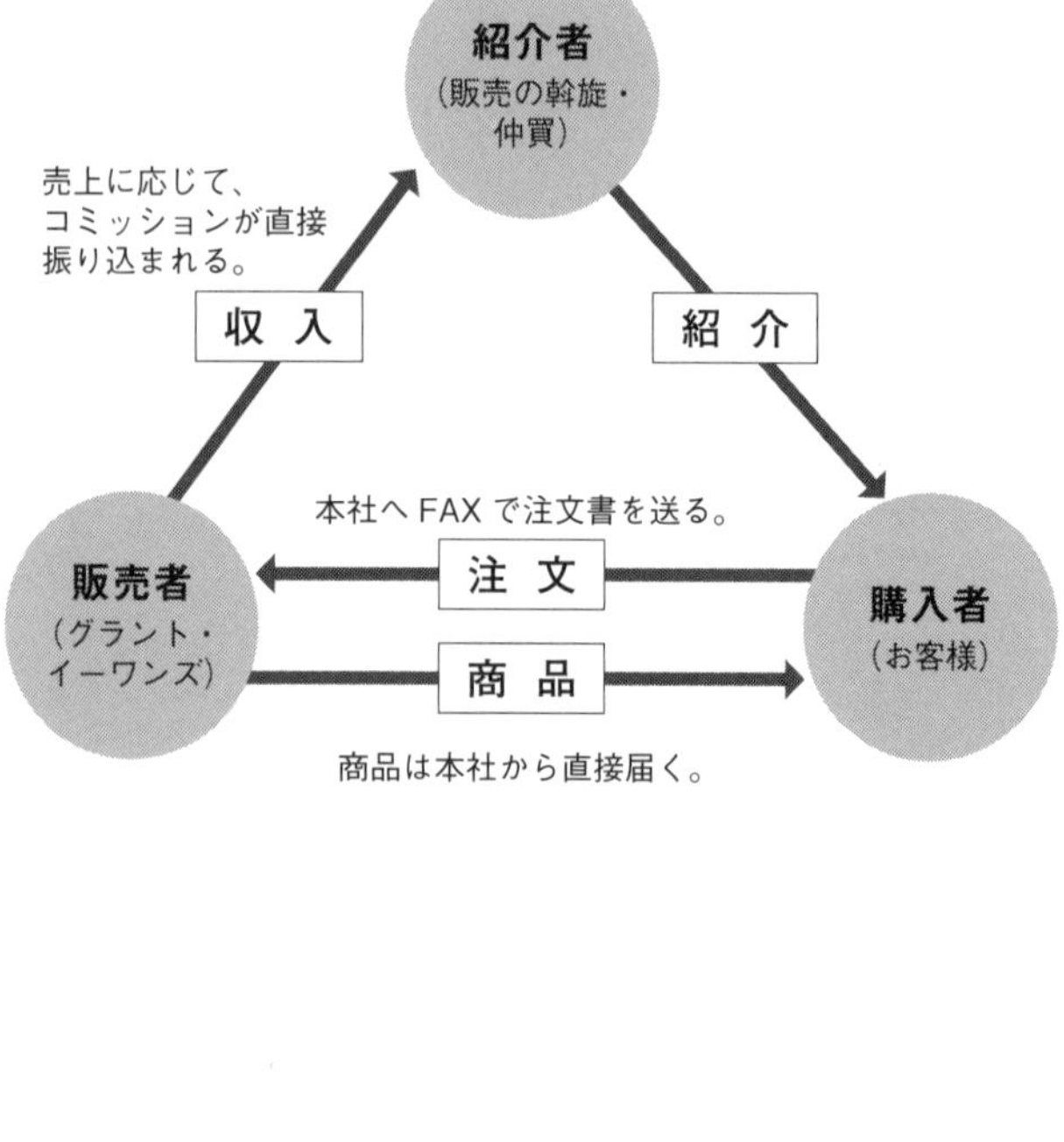
紹介者
（販売の斡旋・仲買）
売上に応じて、
コミッションが直接
振り込まれる。
収　入
紹　介
本社へ FAX で注文書を送る。
販売者
（グラント・イーワンズ）
注　文
商　品
購入者
（お客様）
商品は本社から直接届く。

ロプラクティック、飲食店、自動車販売店などに広がり、業種業態を選ばず、さまざまな店舗でグラントの商品が取り扱われている。

企業契約では、業種を超えた契約が可能で、過去に百貨店や呉服屋の催事のほか、病院など医療機関、介護施設、スポーツジム、美容メーカー、建設会社などの実績がある。

大丸百貨店の催事は、婦人服売り場の販売員にグラントの商品を試着してもらったところ、エアコンで冷えやむくみが改善されたという声があり、実現したという。そのほか、髙島屋、そごう、東急百貨店での催事実績もある。

ここまで行くと、もはや、個人間の人脈を頼りに口コミで販売を広げる通常のネットワークビジネスの枠をはみ出しているという印象だ。

著名人で愛用者も少なくない。

女優の藤原紀香が刊行した書籍『N.Perfect body』(2012年、講談社)では、次のような一節が目を引く。

「最近見つけた補整下着で形を整える。補整下着というと締め付けたり、その場限りの変な矯正をイメージしがちだけどＬＡＬＡというブランドの下着は背中に流れている本来の

〝胸〟を集めて、元の位置にクセを付けてくれる。……マイナスイオンを発生させる繊維や温かい光電子®繊維も含まれているので、アンチエイジングにお役立ち」

あるいは、美容家として知られるワタナベ薫（WJプロダクツ代表）は、著書や人気ブログ「美人になる方法」で、グラントの看板商品ララシリーズを紹介している。ブログでは「苦しいだけの補正下着からしっかり燃焼しつつ魅せる下着へ」というキャッチフレーズを見ることができる。

いずれも、グラント本社から広告宣伝料などは一切出ていない。グラントの商品の確かさを裏付けるものといってよいかもしれない。

15年10期目で年商100億円を突破したグラント。次の目標は、18年13期目の年商150億円、登録会員数20万人。さらに、将来的な展望として、25年20期にグループ全体で年商1000億円、登録会員数100万人を見据えている。

社長が貧相なワケ

グラントの代表取締役社長、稲井田章治とはどんな人物なのか。

稲井田章治――。

1950（昭和25）年1月14日生れ。福井県福井市出身。身長173センチ、体重54キロ、ウエスト76センチ、足のサイズ26センチ。この体型は成人してからほぼ変わっていないという。基本的に太らない体質だそうだ。母親似で、体型も体質もどちらかと言うと母親からの遺伝だと感じている。いたって健康で、深刻な病気という病気は過去に1回もしたことがない。

好きな食べ物は、メロンパンとバナナ、そして卵かけご飯。ラーメンやかつ丼といった脂っぽいものはほとんど口にしない。中華料理も苦手。越前そばで知られる福井県は、ラーメン店よりそば屋が多く、そのせいか、そばはよく食べる。肉よりは魚。野菜も好きで、サラダ類は可能なかぎり毎食、食べるようにしている。

「不思議な現象でね。これまで生きてきて思うんだけど、自分の意志に関係なく、身体によくないモノは身体が受け付けないようになっているんだわ。これは習慣だからしょうがないね。食べるのは早いよ、10分か15分。あんまり食べるのは趣味じゃないのよね。だから痩せてるんよ。せっかちなのよね」

稲井田はこう言って、微笑む。

お酒はまったく飲まない。もともと飲めない体質で、これも母親ゆずりだ。同年代で毎日晩酌している知人友人と比べて、体力は全然違うと感じているという。

アルコールはダメだが、タバコは1日20本、ちょうど1箱程度だ。ひいきの銘柄はキャスター。JT（日本たばこ産業）の主力製品の1つで、バニラ系の甘い香りがするロングセラーの1つだ。今はタール1㎎の種類を好んで吸っている。

休日は基本的にない。土日も代理店の人々が営業しているため、休むことはしない。完全オフの日は毎年、お盆と正月くらい。年によって、5月の大型連休に休みをとることもある。あとは、6月の1週間、グラント毎年恒例のハワイ旅行があるが、稲井田にとっては代理店の方々への感謝のイベントでもある。

趣味と呼べる唯一のものは、高校野球。自身も高校球児で甲子園を目指したが、叶わなかった経験がある。特に、夏の甲子園が好きで、47歳の時から20年間、稲井田は毎年7月の県予選大会に通っている。

特技というほどでもないが、仕事柄、「女性に会った瞬間、ブラのサイズを当てる」との真偽不明の伝説がある。

休みなしで働く稲井田は、昼間の時間のほとんどは予定で埋まっている。1日のうちで、

取材に応える稲井田章治社長

1人になれるのは、早朝と深夜ぐらいだ。

朝は7時から7時半の間に起きる。目覚ましをかけてはいるが、鳴る前に起きてしまうことが多い。寝起きは良い方だ。会社の始業は9時半。朝の約2時間の間の過ごし方を聞くと、朝食のほかは、メールやラインのチェックを行うことが多いという。内容はもちろん仕事のことだ。早めに出社して会社の机で仕事をする時もある。それ以外は何をしているのかと続けて聞くと、「仕事のことしか考えてないから」。

一方、夜。自宅に帰ってお風呂と夜ごはんを済ませる。就寝は、だいたい午後11時半から午前1時までの間。「寝る時はベッドに入って1分以内やね。何も考えない」。夕食後から就寝まで1人になれる時間だが、この時は何をして過ごしているのか。

「その間も仕事やね、やっぱり。毎月の売上のチェックとか、来期の戦略とかやね。経営分析もせなあかんしなあ。今の会社の状況について、数字を見て判断せなあかんからね」

帰宅してからも、ほとんど仕事しかしていない。根っからの仕事人間で、仕事と私生活の区別がない。

「あまり趣味がないのよね。テレビも最近、面白くないしね。見るのは、『報道ステーション』、『ニュース23』、『ニュースZERO』。報道番組だね」

スケジュール管理はすべて稲井田自身が独りで行っている。秘書役はいない。「自分の行動計画やから」。自分の専用手帳にひとつひとつの予定をその都度、手書きで書き込んでいくという。

わたしは東京都内を車で移動する稲井田をつかまえて、相乗りをして取材したことがある。車中、わたしの質問に答えながら、稲井田はすっと手書きのスケジュール表をチェックしていた。用紙にはびっしりと細かい文字が書き込まれている。聞くと、来年の研修会の日程予定を組んでいるという。稲井田はこうした細かい作業がまったく苦にならない性格のようだ。

セミナーや商談などで全国を飛び回っている稲井田は、なかなか福井に戻ることができない。月によっては、数日くらいしか自宅に帰らないこともある。着替えはどうするのか聞くと、背広やシャツ、下着、ハンカチなどの衣類は、着替えも含めてスーツケースに入れたものを妻に福井から送ってもらうのだという。当日、宿泊予定先のホテルに届く段取りだ。着替えた衣類は、今度は稲井田がスーツケースに詰めて自宅に送り返す。自宅に戻った汚れものはキレイに洗濯され、次の出張地の宿泊先ホテルに送られる。この繰り返し。

「唯一の弱点は汗かき」と稲井田本人が言うように、稲井田はよく汗をかく。集中して全身全霊で話すためか、セミナーなどで1つのテーマを20分程度話しただけで、大量の汗が出る。このため、テーマを終えるたびに着替えることになる。わたしも、講演を終えた稲井田がバックヤードで下着を脱ぎ、汗を拭いて新しい下着に着替える姿を何度か目撃している。聞くと、セミナー2日間で下着は最低6枚は必要だという。「奥様の内助の功ですね」と振ると、「そやね。まあ洗濯だけやね」と笑う。グラントにいる2人の娘さんはまったく関与していない。「娘は仕事や。自分の身の回りの世話をさせたくないと言うより、してくれんわな」。

稲井田と話していると、互いの言葉のキャッチボールが心地よいと感じることがある。こちらが質問したことに、稲井田は即答する。そのやりとりのテンポが心地よいのだ。非常に話しやすいということは、それだけで人を引き付ける力がある。この点は、稲井田の魅力のひとつになっていると感じた。

「一蓮托生」と「美学と品格」

グラントの経営方針は、次の3つだ。

《1》わたしたちと出会った人たちの期待に応えていける会社づくり
《2》自分の人生に対して常に挑戦していく、という挑戦者の集まる会社にする
《3》仕事を楽しみながら、それぞれの人たちの夢を実現できる会社にする

じつは、「グラント・イーワンズ（Grant E One's)」という社名は、①の「出会った人たちの期待に応える」に由来する。グラント（Grant）は、承諾する、応える、叶える、の意味。期待はエクスペクテーション（expectation）。ワンズ（One's）は人の、その人の、という意味。それらをつなげて、「グラント・エクスペクテーション・ワンズ」。エクスペクテーションの頭文字「E」だけを取って短くし、「グラント・イーワンズ」となる。

企業理念は、２つ。

「一蓮托生」

「美学と品格」

簡単に言えば、考え方の基準が「一蓮托生」、行動の基準が「美学と品格」だ。グラントの登録会員のほぼ全員が、この経営理念に共感し、日々それぞれの現場で実践している

ことになる。グラントを知るための最重要ワードである。

グラントビジネスの仕組み

グラントのビジネスモデルと一般的なネットワークビジネス（以下、ＮＢ）との違いについて書いておこう。

ＮＢは、人脈を通して行なう販売商法で、主に口コミによって、販売員を増やしていき、多階層の販売員組織を形成しながら、商品を販売していくビジネスだ。毎月一定額を購入すれば、下部組織からコミッションが入ってくる。会員が増えれば増えるほど、売上が伸びる。

稲井田はグラントの場合、「若干、ニュアンスが違う」という。

１つはノルマ。グラントの代理店には毎月の売上ノルマはない。そして、グラントの代理店方式は、一度獲得したランクは永久に続く。

２つ目は流通面。ＮＢは流通ルートが一つしかない。しかしグラントは代理店が直接、企業と取引することができる。

３つ目は報酬体系。グラントの報酬体系は、流通面と連動しており、代理店の経営者としての力量が重視されているのが特徴だ。

前出したように、グラントの代理店方式は、会員が一定の売上を出せばランクが昇格する。売る方法は、代理店の裁量範囲が大きいといえる。この点について稲井田は「代理店を経営者として認めようということやね」という。

つまり、個人販売のほか、企業取引も可能。製造を発注した相手先企業のブランドで販売される製品を、代理店がグラントに発注し、販売するＯＥＭまでも可能なのだ。

グラントの会員は、ランクによって分類されている。

一般読者には馴染みのない用語が続くが、会員にとってランクの昇格はモチベーションを維持する要素の１つとなっているので、一通り説明する。

初歩ランクから順に、「ＭＣ（メイト・クリエーター）」「ＦＣ（ファースト・クリエーター）」「ＧＣ（グラント・クリエーター）」「ＧＡ（グラント・エージェント）」「ＧＭ（グラント・マネージャー）」「（ＧＥ）グラント・エグゼクティブ」「ＧＰ（グラント・プレジデント）」「ＶＣＬＰ（バイス・クラブ・プレジデント）」「ＣＬＰ（クラブ・プレジデント）」「ＣＲＰ（クラウン・プレジデント）」「ＷＣＲＰ（ダブル・クラウン・プレジデント）」

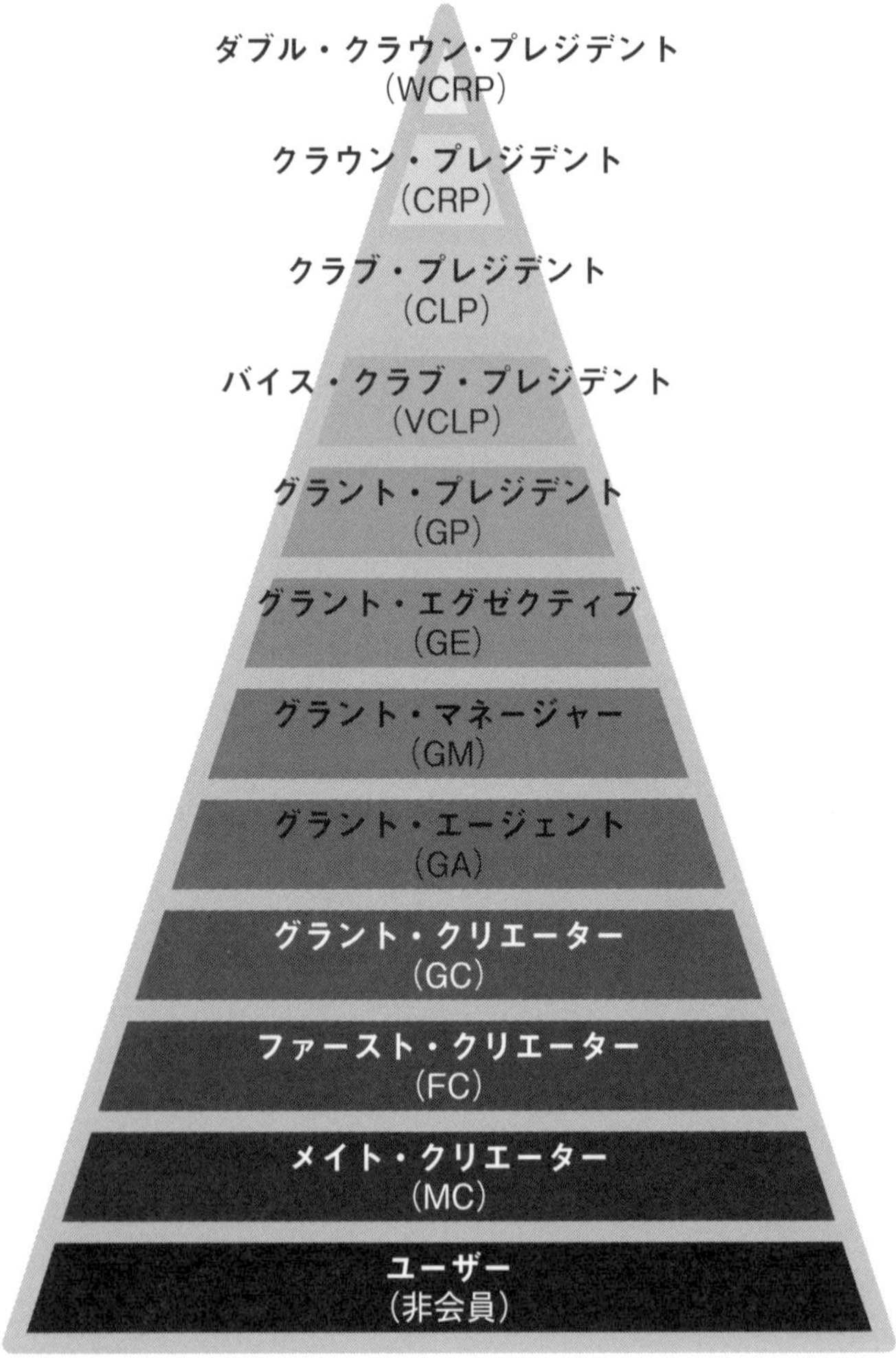
ダブル・クラウン・プレジデント
（WCRP）
クラウン・プレジデント
（CRP）
クラブ・プレジデント
（CLP）
バイス・クラブ・プレジデント
（VCLP）
グラント・プレジデント
（GP）
グラント・エグゼクティブ
（GE）
グラント・マネージャー
（GM）
グラント・エージェント
（GA）
グラント・クリエーター
（GC）
ファースト・クリエーター
（FC）
メイト・クリエーター
（MC）
ユーザー
（非会員）

――の計11ランクだ。

このランクに応じて、グラントの商品の標準小売価格に一定の比率を掛け、注文価格が決まる。当然、上のランクに行けば行くほど、掛けるパーセンテージは低くなり、その分（注文価格掛け率の逆）が販売卸差額となって紹介者に支払われる。

つまり、同じ商品を同じ数だけ販売しても、ランクが上がれば上がるほど、紹介者の収入が増していく仕組みだ。

このため、会員は昇格を目指すことになる。

昇格は本社に申請書を提出し、受理されれば成立する。昇格条件は細かく規定されている。簡単に見ていこう。

「MC」。これはグラントの商品を1つでも購入すれば、登録できる。登録しなければ、「ユーザー」（非会員）となる。

「FC」。同ランク以下の自分を含めたグループ販売実績が累計10万ポイント（税抜き購入金額1円につき1ポイント制）、つまり10万円。

「GC」。同ランク以下の自分を含めたグループ販売実績が累計20万ポイント、つまり20万円。

「ＧＡ」。同ランク以下の自分を含めたグループ販売実績が累計１００万ポイント、つまり１００万円。ただし期限があり、基本は1カ月。

「ＧＭ」。「ＧＡ」以上３系列の育成が条件で、同ランク以下の自分を含めたグループ販売実績が累計５００万ポイント、つまり５００万円。ただし期限があり、２カ月。

「ＧＥ」。「ＧＡ」以上６系列の育成が条件で、同ランク以下の自分を含めたグループ販売実績が累計１０００万ポイント、つまり１０００万円。ただし期限があり、２カ月。

「ＧＰ(統括代理店)」。「ＧＡ」以上９系列の育成、プラス社長面接(ペーパー試験、以下同じ)が条件で、同ランク以下の自分を含めたグループ販売実績が累計３５００万ポイント、つまり３５００万円。期限があり、３カ月。

「ＶＣＬＰ」。「ＧＰ」以上３系列の育成、プラス社長面接が条件で、期限はなし。

「ＣＬＰ」。「ＧＰ」以上６系列の育成、プラス社長面接が条件で、期限はなし。

「ＣＲＰ」。「ＧＰ」以上９系列（うち「ＶＣＬＰ」以上３系列）の育成、プラス社長面接が条件で、同ランク以下の自分を含めたグループ販売実績が累計3億ポイント、つまり３億円。ただし期限があり、１カ月。

「ＷＣＲＰ」。「ＧＰ」以上12系列（うち「ＣＬＰ」以上３系列）の育成、プラス社長面接が条件で、同ランク以下の自分を含めたグループ販売実績が累計6億ポイント、つまり6億円。ただし期限があり、1カ月。

このほか、「GM」以上（ただし、同ランク以外の自分を含めたグループの売上が月10万円以上が条件）を対象としたボーナス制度などもある。

いずれにしても、一度獲得したランクは、規律違反などがない限り保障され、売り上げがなくても降格されることはない。

女性が9割

グラントの代理店は、ブティックや美容室、エステサロン、ネイルサロン、整体、整骨院、カイロプラクティック、ジュエリーなどのオーナーや経営者が少なくない。そうでなくとも、何らかの形で女性の美と健康に関わる職種に従事しているか、あるいはかつて従事していた人たちが目立っている。要するに、女性の美と健康に関心の高い人たちが多く集まっているのである。

扱う主力商品が女性の下着なので、当然といえば当然だが、グラントの会員は女性が圧倒的に多い。代理店も男女比では女性が9割を占めている。

稲井田は「やっぱり女性の下着だからね。ウチの社員も9割が女性やもんな。女性が働いてくれるから、助かっている」と語っている。イメージとしては、稲井田という司令塔と、稲井田を支える有能な女性幹部、そして全国津々浦々に散らばる代理店の女性たちによって成り立っているのが、グラントビジネスの外形的な基本構図だ。

わたしは稲井田に「トップリーダーに共通するところはなんですか」という質問をしたことがある。

稲井田はこう答えた。

「こんなことぼくが言うのはおかしいけど、基本的にぼくを好きということだね。人間って好きな人のためしか、頑張らんからね。これは（トップリーダーの）共通点やね」

第2章
ビジネスで人を育てる

「3つの目的」と人材育成

2005年の設立から毎年、右肩上がりに業績を伸ばし、設立10年で売上100億円を達成したグラント。その順調な成長の原動力となっているのが、①商品そのものの魅力と、②独自に開発された人材育成プログラム——の2つだ。商品については第5章で触れるとして、ここでは後者の人材育成に焦点を当ててみよう。

グラントという会社が「ひとりひとりの期待に応える」という決意で設立されたことは前に触れた。具体的には次の3つの目的を掲げる。

①わたしたちと出会った人たちの期待に応えていける会社づくり
②自分の人生に対して常に挑戦していく、という挑戦者の集まる会社にする
③仕事を楽しみながら、それぞれの人たちの夢を実現できる会社にする

そして、この3つの目的を実現させるためのツールとなるのが、独自に開発された人材育成プログラムだ。

グラントは会員のことを「クリエーター」と呼ぶ。これは、ひとりひとりが仕事を通じて自分自身を成長させ、これからの人生をより豊かで幸せなものに創造していくという意味が込められている。グラントの仕事を通して、会員たちが仕事のプロフェッショナルとしてだけでなく、人間としても成長していってほしいというわけだ。

このため、グラントは経営者育成セミナーを頻繁に開催している。代表的なものが、「GSS（グラント・ステージアップ・セミナー／Grant Stage-up Seminar）」と呼ばれる独自のセミナーだ。

GSSセミナーは、1泊2日の日程で全国各地（札幌、横浜、名古屋、大阪、姫路、福岡）をメイン会場に、スポット的に新潟、静岡、山梨、長野、浜松、岡山、広島、宮崎などで開催される。目的は2つ。1つはグラントのことを深く知ってもらうこと。もう1つは新しい自分を知ってもらうことだ。

グラント本社主催だが、会場の手配やキャスティング（講師も含む）の選定、参加者の動員など多くの現場作業は開催会場の地元の統括代理店が先頭になって仕切る。運営資金はセミナー出席者の参加費で賄っている。現場を仕切る代理店の人たちは、会場準備や講師も含めて、基本的にすべて無報酬、ボランティアだ。

GSS での講演の様子

初日は、午後1時から夕食をはさんで夜9時半まで。2日目は、午前8時半から午後4時すぎまで。2日間で約13時間。長丁場だが、講師が次々に交代し、講師と参加者が一緒になって体験するワークショップ型のテーマもあり、よく工夫されている。

参加費用は1泊2日（3食付）で1人当たり2万7000円。いちがいに比較はできないが、一般的な民間コンサルタント主催の経営者セミナーとしては、かなり格安な部類に入るかもしれない。

その特徴を簡単にいえば、セミナー開催の目的は、「なぜ仕事をするか」という目的意識を明確化することだ。コンサルタント会社や人材育成会社が開催しているビジネス関係の研修会の多くは、仕事のやり方を教える。一方、グラントのセミナーは、やり方ではなく、仕事の目的を教えている。

基本的な考え方は、こうだ。

仕事のやり方は人によって違って良いし、むしろ、その人にとって一番やり易いやり方で行えばいい。しかも、誰でも絶対に商品が売れる方程式などあるわけがない。そういったハウツーよりも、仕事の目的さえはっきりさせることができれば、人間は誰でもそこに向かって創意工夫を積み重ね、その目的を達成できるよう頑張るようになる。

業種を問わず、モノもお金も人間が動かすわけだから、人間のレベルが会社のレベルを決める。それは、代理店だけでなく、本社も同じ。「企業は人なり」。代理店、本社ともに成長するためには、まずはその現場にいるひとりひとりの人間がそれぞれ内発的に成長していかなければならないという。

最初は「きれいごと言っているなあ」

しかし、そんなことはどこの会社でも言われていることではないか。こうした素朴な疑問を胸に秘めながら取材を進めていくと、わたしは2人のグラント関係者に出会うことができた。ここではその2人のグラント関係者の生の声を聞いてもらおう。1人は現在、エステサロンのオーナーとして活躍する女性だ。仮にKさんとしよう。

東京都内の寿司屋で昼食中の別のトップリーダーを取材中、たまたま同席していた女性だ。「60歳」と聞いて、耳を疑った。これは同席した編集者も同意見。取材者には職業柄、裏付けやクロスチェック（複数の証言を照らし合わせること）を経ていない相手の発言には良くも悪くも警戒する習性があるが、見た目はごまかせない。美容関係の仕事をしていることを差し引いても、見えない。40代後半でも通用しそうだ。

Kさんは言う。

「グラントのセミナーに出てみて、最初は『胡散臭い』、『口だけだなあ』、『きれいごと言っているなあ』と思って聞いていました。こうして腕組んで、足組んで。『音と映像で誤魔化そうとしているなあ』、『くだらないことやっているなあ』、と。私たちだって前の商売でそうは言われていたけど、それは理想であって、現実は違うことを体験してきているわけです。どこの企業だってお客様のお役にたちたいと言っている。しかし、蓋を開けると違っているじゃないですか。みんな、口先だけ。『もうだまされないぞ』、と。でも、グラントに関わるようになって、セミナーを繰り返し聞いているうちに、それが事実かもしれないと、だんだんわかってきたわけです」

Kさんはグラントにかかわる前に、別のネットワークビジネスを経験していた。

「昔のネットワークビジネスは社長の権力とかカリスマ性とかを背景に、アメとムチで会員を励ましながら働かせていくようなところがあったのですが、グラントは全然違うんですよ。一蓮托生で、みんな仲がいい。普通の代理店システムでは、代理店どうしはライバルなんです。お客を『取った、取られた』の世界。私も実際に経験してきたし、二度とこんなのは嫌だと思っていた。グラントに人生の最後を賭けようと思ったのは、こんな良い環境の中で仕事ができるんだったら、ここで人生の終わりを迎えてもいいと思ったからなんです」

Kさんは「グラントに出会って、自分自身が変った」という。

もう1人は、静岡県浜松市で活動する野末倍由だ。野末は1967年6月16日生れ。浜松市出身。県立浜松商業から東京の服飾系専門学校卒。アパレル業界から家業の農業に転身して20年間のキャリアがある。妻を通じてグラントに出会い、今やトップリーダーの1人だ。

野末は、GSSセミナーで学んだことについて、こう語る。

「一番は、人を大切にすることを教わりました。それまでの経営は、人がお金に見えていた。お客様イコール、お金を運んできてくれる人、みたいな感覚がありましたからね。お客様に商品をご購入いただくことで、会社の業績は伸びるわけで。なんだかんだ言って、天狗になっていたわけです。今までは『オレが、オレが』でやってきたので、それを変えなければダメだと強く思いました。

マインドを変えるために、各地で開催されるGSSに通いました。多い時は月2回。『GSSマニア』みたいになっていた時期がありましたね。同じテーマでも演者が変るので違って聞こえますし、話術のうまい人がいて『こんな風に話せたらいいなあ』とか。いろいろ学びました。

徐々に自分が変化していくと、周りからの評価が変り始めるんです。『あっ、そうか』と気づく。こういう風に人にお願いするんだとか、自分がやらなくていいことは人に任せた方がいいとか、だんだん経営者マインドが身についてくんです」

野末の熱い話しぶりには少々戸惑ったが、Kさんと同様、実感が込められていることは感じられた。

わたしは、その「GSS」とやらを、この目で見てみたいと思った。

人気セミナー「GSS」の2日間

GSSセミナーは2日間にわたり、1回5分〜30分程度の硬軟織り交ぜたテーマが約50回続く。このうち、メインとなるのは20回ほど。

具体的なテーマ名をいくつか挙げてみると、こんな感じだ。

「人はなぜ失敗するのか」
「積極的な心構え（プラス思考）」
「経営者と商売人の違い」
「リーダーシップの心構え」
「運と実力（宇宙の流れに調和する）」
「原因と結果の法則」
「エネルギー不滅の法則」
「事が成るときは逆境のとき」
「変えられる物に力を注げ（過去と他人は）」
「グラントビジネスの可能性」
「美学と品格」
「ビジネスの必勝法はない」
「未来への予約」

こうしたテーマの内容は、稲井田がぜんぶ独りで作り上げたものだ。

もともとグラントを起ち上げる前、前職の別の下着販売で始めたものだ。

グラント設立当初は、全テーマをほとんど稲井田ひとりがやっていたが、年月が経つにつれて代理店のトップリーダーたちが覚えて、真似て、稲井田と同じように講演ができるようになったという。

稲井田からセミナーの内容に関して、ある代理店幹部はこんなことを言われたという。

「とにかく、同じことを毎回言っていればいいんや。石川さゆりの『天城越え』を聞きたいのに、石川さゆりが突然、『上を向いて歩こう』を歌い出したら、会場に来たみんながガクッとくるやろ」。毎回、同じ話でも、本質を突いた話であれば、聞くたびに気が付くことが人によって違ってくる。だから逆に、聞く方が毎回、新鮮な気持ちで参加できるのだという。

バーチャル参加してみよう

わたしはGSSを取材するため、静岡県焼津市に飛んだ。

ここではできるだけGSSセミナー独特の雰囲気を実感してもらうため、実際に行われたGSSを録音データに基づいて忠実に再現した。講師は稲井田本人である。開会のあいさつにすぎないとはいえ、稲井田本人の口から「一蓮托生」と「美学と品格」というグラントの企業理念の内容が具体的に語られている。

みなさま、こんにちは。きょうはお忙しい中、参加していただきまして、有り難うございます。また、日ごろ、グラントの商品の販売に力を貸していただきまして、改めてお礼を申し上げたいと思います。いつも、皆さま、有り難うございます。（会場内、大きな拍手）

このセミナーの目的は、2つあります。1つは、より深くグラントを知っていただきたい。何を知るのかといいますと、われわれの考え方を知っていただきたいということです。2つ目は、この2日間の研修を通じまして、これからの皆さんの人生を考えていただきたい。いろいろなテーマのお話がございますが、他人事ではなしに、自分の事に置き換えて

セミナーの会場は熱気に溢れる

聞いていただくと、非常に価値のある研修会になります。帰る時には、少しでも自分自身の未来を描けるような、そういう研修会にしていきたいと思います。

今日は夜の9時半まで開催します。ちょっと長くなりますが、大丈夫ですか。途中で体調が優れなくなったり、つらいなと思いましたら、遠慮なく手を挙げていただければ結構です。こちらにお布団を用意します。（会場内、笑い）寝ながら聞いていただければいいかと思います。あるいはノドが渇く恐れもありますので、飲料ボトルを持ち込んでいただいて結構です。リラックスしてこの2日間を頑張っていきたいと思います。

あすは午後4時終了です。休憩やお食事の時間がありますが、2日間でイスに座っている時間は約13時間。長丁場ですが、できるだけ集中して聞いていただければ良いと思っています。

私どもは2005年11月9日に会社設立、12月1日にグランドオープンしました。今期で12期目に入ります。12年間、多くの皆様に支えられてここまで来たわけですけれども、今年の11月には13期目に入ります。当時、私は55歳でしたので、今年で37歳になりました。

（会場内、笑い）それは嘘で67歳です。

会社設立の目的はですね、当時、わたしはどういう会社にしようかと思いました。日本にはモノをつくる会社がたくさんあります。あるいは、モノを売る会社もたくさんあります。どっちみちつくるんだったら、人をつくる会社をつくろう、と思いました。

人をつくる会社といいますと、人材育成ということになるわけです。ですから、グラントは人材育成を柱とした会社にしたい。こういう趣旨のもとに、会社をスタートさせていただきました。

経営学でいいますと、業種を問わず、人が伸びる会社は伸びていくという法則があるわけです。松下幸之助さんなんかは「企業は人なり」と言っていますけども、具体的に言いますと、どんな会社でも従業員やスタッフ、あるいは社長が成長していくことで会社が成長していくわけです。

よく私、いろいろな方から相談を受けまして、これからどんな仕事が伸びるんでしょうかと相談されます。どんな仕事か、業種は関係ありません。企業を運営していくのは人だから、人が伸びていく会社が伸びていくでしょう、と答えます。あなたのやりたい仕事があるのなら、その仕事をやればいいし、成功したかったら、あなた自身が成長しなさいというお話をするわけです。

グラントは人材育成を柱としていますけれども、世の中には人材育成の会社はたくさんあります。コンサルタント会社もいろいろわたしは知っています。わたしどもの人材育成はどういう目的かというと、1つしかありません。経営者マインド、これを育てようということです。経営者マインドって、具体的に何かと言いますと、結果を出せる人です。わたしどもは、結果を出せる人を育てる。こういう趣旨で研修会をやっているわけです。

結果を出せる人は、どういう結果を出せるかといいますと、自分自身がコミットしたことに対して、必ず達成させていく人ですね。(達成地点は)人によって違います。自分はここまで行きたいと思ったら、必ず達成させる能力を身につけていただきたいと思っております。この2日間、達成させるための色々なお話がありますので、聞いていただければ良いと思います。

ただ、色々な人たちが色々な角度からお伝えします。ぜんぶ自分のものにしようと思っても、無理です。じゃあどうしたら良いかといいますと、ずっと話を聞いていて記憶に残る言葉が必ずあるんですね。ワンフレーズ。じつはそのワンフレーズが今のあなたにとって必要なテーマなんです。ですから、心に残る言葉が必ずひとつふたつ出ますので、その言葉がいまのわたしにとって必要だと思ってください。おわりましたら、そのことをやるんです。やっているうちに、それが身についていきます。そして、また研修会に来てください。そうするとね、また違う言葉が残るんです。その言葉が、その時のあなたにとって必要なテーマなんですね。それを積み重ねることによって、完璧に近づくように思うんです。

実は、私も色々な研修に出ています。今度、あるコンサル会社主催のセミナーに行くんです。自分から申し込みました。行くんですけど、大したことは……。（会場内、笑い）

これでこんな値段かと思うくらい高いんです。朝の9時から夕方5時までで、5、6万円とる。食事はつきません。グラントの場合、1泊2食付で2万7000円ですからね。（会場内、笑い）。

それは冗談として、まあ、色々な講師のお話を聞いて、いい勉強にはなるわけです。

その良い所は取り入れるわけです。でもあんまり心に残る言葉はないんです。ですから、このGSSセミナーは結構レベルが高いなあという自信を持っています。

やっぱり、人間はどこまで行っても自分自身を成長させていこうという気持ちがあります。先ほど、結果を出せる人と言いましたけども、一口で言い換えますと、独立自尊の人です。独立とは自立した人、字のごとく自分で立つ人です。自立した人はどういう生き方をするかと言いますと、人と比べて生きないということです。わりと人間は人と比べて生きようとするんですね。あの人がこうやっているからわたしもしようとか。そして、落ち込んだり、優越感を抱いたりするんですね。なんだか、人のために人生を生きているみたいです。

そうではなしに、過去の自分と比べて生きるんです。去年のわたし、今年のわたし、どっちが成長したか。去年と今と、どこまでいい結果を出しているか。つねに過去の自分との競争なんです。人間はもともと不平等に生まれてきていますから、比べる必要がないんです。どういうことかといいますと、お金持ちの家に生まれれば、お金がたくさんあるし、お父さんお母さんが苦労して働いて子供を育てている家もある。生まれながらに違うわけです。生まれながらにして、足の長い人、短い人、健康状態なども違うわけです。人と比べようがないんです。人の人生を歩むのではなしに、自分との闘いに挑んでいく人を自立した人といいます。

自尊とはどういうことかといいますと、自分を成長させようと日々努力する人。こういう人のことを、独立自尊といいます。皆さんは自分自身を少しでも成長させようと研修会に参加されていると思います。だから、そういう意味で皆さんは独立自尊の人だと思います。われわれの人材育成の目的は独立自尊の人を育てるということです。それを理解していただいて仕事をしていただきたいと思います。

仕事をする目的は、仕事を通して自分を成長させることですからね。もちろん、生活費を稼ぐためとか、家を建てるためとか、色々な目的があるのは当たり前です。しかし底辺に流れているのは、自分自身を成長させるんだということで、そういった気持ちで仕事に取り組んでいただければ良いと思います。

よく「一人前」と言われます。自分でなんとか仕事がこなせるようになったのが、一人前です。しかし、一人前になったからといって成長はできません。一人前から、次は「一流」を目指していただきたい。ここが勝負なんです。人間はある程度仕事ができるようになると、これでいいと思ってしまいます。自分ひとりで何でもできる、と。これでは成長がないわけです。同じ仲間どうしの中でも、一流を目指す。そうすることによって、自分自身が成長していけるようになると思います。

生きる目的は幸せになることです。

よく、成功することを人生の目的にしている人がいますが、そうしてしまうと何のための人生かわからなくなります。例えば成功した人で不幸な人はいっぱいいます。苦労を重ねて成功はしたけども、末期のがんになった人とかがいるわけです。莫大な資産をつくって、豊かな生活をしているのに、50代で亡くなった人を知っています。何のために成功したのか。幸せの条件は長生きすることや健康でいることです。ですから、自立した人とは、人と比べて生きないということと、自己管理がしっかりしている人です。時間や健康の管理ですね。ぜひみなさん、長生きしてください。

いま、ＡＩというスーパーコンピューターがありますね。これによりますと、人間は将来２００歳まで生きるんだそうです。死ねない時代がやってくるんです。（会場内、笑い）

これ大変なことですね。将来的には、がんが治るクスリも開発されようとしています。私は新聞で最初に読むのは、お悔やみ欄です。（会場内、笑い）。何を見るかといいますと、年齢です。103歳、83歳、76歳、60歳。その年齢を見た時に、わたしは余命を考えるんです。74、75で亡くなる人は結構多い。引き算するんです、74ひく67って。「あと7年か」と思うわけです。（会場内、笑い）。やっぱり、長生きすることが成功する秘訣のひとつだと思います。

ぜひ、独立自尊、そういう人間になっていただきたいと思います。

「一蓮托生」&「美学と品格」とは

さて、グラントの企業理念は2つあります。

理念とは何かといいますと、われわれの行動基準、創業者の思いということです。パナソニックには創業者の松下幸之助さんの理念があります。ソニーには井深大さんと盛田昭夫さん、ソフトバンクには孫正義さん、ユニクロには柳井正さんのそれぞれ理念があります。これは、何のために会社をつくったかという起業の目的でもあります。何のために会社をつくったかという創業者の意志が企業理念から見えるわけです。企業理念を聞くと、その会社の行動基準がだいたいわかります。
会社概要のパンフレットをもらう時があります。わたしは企業理念から見ます。どういう行動基準をもっているかがわかります。行動基準を知ると、商談もスムーズに行くことがあります。相手が行動基準と違うことを言えば、理念と違いますよ、と言えば良いわけです。理念に「世のため、人のため」って書いてあれば、わたしのために契約してくださいい、とこう言えばいいわけです。（会場内、笑い）。

グラントの理念のひとつは「一蓮托生」です。ここに書きますね。「同じ蓮華に身を託し、同じ価値観をもち、縁があって出会った仲間たちと人生を一緒に歩んでいく運命共同体」であると。「同じ蓮華」とは同じ時代、「身を託し」とはここにいる、という意味です。同じ時代に生きて、同じ価値観をもち、縁があって運命を共にする仲間、というふうに理解してもらってかまいません。人生で何が一番大切かというと、共通の価値観と、同じ志をもった仲間たちと一緒に仕事をしていけるというのは、人生にとって有意義じゃないかと思います。

ある居酒屋に呼ばれて行ったことがあります。どういう居酒屋かといいますと、とにかく定着率が悪い。従業員がすぐ辞めてしまう。スタッフが常に入れ替わるんで、何が原因でしょうかと相談されたんです。

近くに、もう1つの別の居酒屋があるんです。そこは辞めないらしいです。わたしはアルバイトの時給を調べました。すると、辞めない居酒屋の方が時給が安い。時給が安い方の業業員に「仕事は楽しいですか」と聞くと、「楽しい」と言うんです。「何が楽しいんですか」と聞くと、「店長を中心に、同じ価値観をもった仲間たちと、1つの目標に向かって頑張っているから楽しい」と言うんです。

相談を受けた方の居酒屋には、共通の価値観はありませんでした。売上のためのノウハウだけがあり、従業員の心はバラバラになっていたと思います。そうなると仕事は楽しくない。人間は、安心できるところ、楽しいところ、夢のあるところに集まるんです。みなさんがもしお店のスタッフを定着させようと思ったら、安心、楽しさ、夢を与えないとダメなんです。でないと、なかなか定着しずらいと思います。その相談者にはそんなお話をさせていただきました。

やっぱり、運命共同体の意識は本当に大切だと思います。グラントのスタッフは、一蓮托生の仲間だということです。皆さんが良ければ、わたしも良い、わたしが良ければ、皆さんも良い、ということですね。独り勝ちってことは、まずありえません。グラントでは一蓮托生の思いで行動していきましょうということですね。

2つ目は、「美学と品格」。

これはどういうことかと言いますと、何を得るかよりも、どのように生きるかを考えて行動する、その基準です。美学とは何かといいますと、一言でいいますと、周りの人に良い影響を与えていくということです。美学が伴った生き方をすると、周りの身近な人たちに良い影響を与えるということです。

どのように生きるかを考えて、人に良い影響を与えていく生き方を選ぶ。それが美学であり、あなたの品格、企業の品格につながる。良い影響を与えるとは、愛情をもって行動する。愛情とは、許す心と喜びを与える心です。よく愛情をもって子供を育てましょうと言われますが、許す心がないお母さんが結構いますね。すぐ怒る。子供はどんどん離れていきます。まだ子供だから、と許す心。子供が失敗しても、親の責任だからと子供を許す心ですね。

愛情をもって育てられた子供は、感謝や感動ができる大人に成長していきます。ところが愛情をあまり注がれなかった子供は、感謝する心が少ないように思います。これは本人の責任ではなく、親の愛情不足が原因なんです。色々な子供の事件がありますが、基本的に本人に責任はないと思います。感謝する心や感動する心が育たない子供は、冷たい大人になります。子供さんをお持ちの方は、しっかりと120%の愛情を注いでいただきたいと思います。愛情だけで、子供は立派に育っていきます。

わたしは結婚して3人の子供に恵まれましたが、30代のころは子供とのコミュニケーションはありませんでした。ほとんど仕事で家にいなかった。愛情不足かなと思っていましたが、子供たちは大きくなってみると結構心の優しい人に育っています。今日、この会場に来ていまして、後で出てくると思いますけど。本人の前で言うのも恥ずかしいですけどね。（会場内、笑い）まあ、美学と品格を行動基準にしてほしいということです。

みんなが成功したい、お金持ちになりたい、幸せになりたいと思っています。なぜなれないかといいますと、京セラの稲盛和夫さんが人間を毒する三毒として、我欲、愚痴、怒りを挙げています。

企業理念の次に、経営方針を紹介します。３つあります。

1つは、一人ひとりの期待に応えてゆける会社にしたい。実は、これが社名になっています。グラントは応えるという意味です。期待はエクスペクテーション。一人ひとりはワンズ。グラント・エクスペクテーション・ワンズ。長いのでグラント・イー・ワンズにしたんです。名刺を出す時に、あなたの期待にできる限り応えます、そういう思いで渡す。

2つ目は、挑戦意欲のある人たちが集まる会社にしたい。どういうことかといいますと、挑戦とは、トライすることです。仮説を立てて、それを実現させようと努力することを挑戦といいます。

今年（17年）の3月にいろいろ取材が入りまして、質問に答えてきたわけです。すると、取材している方たちが、同じことを言ったんです。ベンチャー企業ですね、と。ベンチャー企業というと、ＩＴ関連を思い浮かべると思いますが、ＩＴ関連企業だけがベンチャー企業というわけではありません。要するに、今までにないビジネスモデルを世の中に広げていった会社のことをベンチャー企業と呼ぶんです。ベンチャー企業は大企業中心で作られた行政規制との戦いです。ただ、規制に文句を言ってもしょうがありません。そういうことだとして、じゃあどうするかと考えなければならない。矛盾との戦いで、これはどこの企業でもやっています。

3つ目は、夢、目標を実現できる会社にしたい。夢や目標をもてない方も結構いると思います。でもやっぱり、夢、目標は持った方がいいですね。持たないで、仕事で自己成長を遂げてゆくのは難しいだろうと思います。今のままでいい、食べていければいいという人は、あまり自己成長しません。高い目標をもって挑戦していくことで自分自身を変化させていかないとダメです。これをイノベーションといいます。今のままの自分じゃダメだとなった時、じゃあどうしたらいいかと考えるわけです。高い目標に挑戦して自分を変化させることが成長です。商品も同じです。商品レベルをもっと上げようと思うと、どうしようかと考える。ビジネスプランも同じ。とにかく、イノベーションをしようと思ったら、高い目標をもつことです。

イノベーションの第1人者は、最近では孫正義さんがそうじゃないかと思います。もともとは携帯電話の販売業者でしたが、英国のボーダフォンなどを次々に買収し、今ではNTTを追い抜くような会社になりました。色々な規制がある中で、次々に風穴をあけて行ったのは大変だったと思います。

ユニクロの柳井正さんも父親がやっていた小さな紳士服店から、色々な規制を打ち破ってユニクロをつくり上げたわけです。そうした意味でも、規制の枠内でやっていてはイノベーションは起きません。できるだけ夢や目標は大きい方がいいんです。

たった1回の人生ですから、精いっぱい生きようではありませんか。皆さんはどんどん、周りの人の期待に応え、どんどん今の自分を高めるために挑戦していただきたい。チャレンジしたからといって、だれも怒る人はいません。「スリーC」。チェンジ、チャレンジ、チャンスといいますね。挑戦しない人に、チャンスは巡ってきません。挑戦しない人に変化は訪れません。まず挑戦してみること、それが重要です。

これからの人生で、どうやってわたしたちは夢と目標を達成していくか。そうした問題意識で、この2日間、皆さんと一緒に取り組んでいきたいと思います。それじゃみなさん、

2日間、よろしくお願いします。（大きな拍手）

以上、稲井田のあいさつの全記録である。

この時点でネットワークビジネスの経験がないわたしは、前出のKさんの言っていた「きれいごと」という印象はなかった。

「運と実力」

こうして、2日間、計13時間にわたるGSSセミナーが始まることになる。

この日、稲井田はあいさつを含めて計4回、参加者の前に出て、講演している。次に聞いてもらうのは、「運と実力」というテーマだ。

実は私、67年間生きてきまして、自慢できることが2つあります。1つは日記を小学校5年生から書き続けているんです。考えてみれば、56年間続いています。日記帳が結構たまっています。でも、読み返したことがないんです。（会場内、笑い）

ある時、これじゃダメだと思い直し、5年日誌を買いました。1冊で5年分の日記が書き込めるやつです。今使っているのは4年目です。これは非常に便利です。例えば、去年の同じ日に何をしていたか、3年分が一目でわかります。もし、日記を始めようという人がいましたら、5年日誌はお勧めです。

日記を書いてきまして、何が良かったかと言いますと、物事をやり続ける秘訣がわかったことです。それは何かと言いますと、完璧を求めないことです。毎日、完璧に書こうとしていたら、日記は続かなかっただろうと思います。書きたいときに書くのがいちばん良いと思います。ある年は、書く余裕もなかったのか、5ページ程度で終わった時もありました。それでもこの年まで続けていると、結構な分量になります。娘には、死ぬ時には棺桶にいれてくれと言っております。思い出と共に去る、ですね。(会場内、笑い)

これまでに私が受けたあるセミナーで、こんなセミナーがありました。毎日、その日に感動したこと、嬉しかったことを3つずつ書け、と。実際やってみると、これはなかなか難しい。昨日と同じことしか思い浮かばなかったり、ただ「生きていて良かった」とか、そんな感じになってしまいます。別のセミナーでは、反省したこと3つ書けと言っていました。その日を振り返って、自分の思ったことを書くことは、勉強になりました。自分の成長に役立ったと思います。

もう1つの自慢は、グラントがグランドオープンした05年12月から毎月、全国の会員のみなさんに向けてA4用紙1枚の「LOVEメッセージ」を書いています。今月で12年6カ月になります。毎回違うことを書いてきて、1回も休んだことはありません。きょうはせっかくですから、そのラブメッセージ（17年5月）を読ませていただきたいと思います。いつもは文章だけですが、きょうはメッセージの内容を突っ込んでお話ししたいと思います。

字が小さいので、みなさんは読まないで結構です。わたし67歳ですけど、眼鏡なくて読めます。コンタクトもしていません。（用紙を目に近づけたり遠ざけたり）こんなことやこんなことしなくても読めます。（会場内、笑い）なぜ、目がよく見えるかといいますと、良い健康食品があるんです。（会場内、笑い）

「言葉は身の丈」という諺があります。言葉遣いはその人の人柄や品位を表すという意味で、その人が持つ心の様子や性格を表してしまうということです。コミュニケーションを取るとき、言葉は重要な役割を果たします。日頃から丁寧な言葉遣いや話し方を心掛けていきたいものです。また、人間関係の基本は挨拶にありと言われています。最近は、コミュニケーションが苦手であるため、挨拶ができない人が増えているといいます、「お世話になります」「いかがお過ごしでしょうか」「こんにちは」「ありがとう」といった短い言葉には、感謝や思いやりの気持ちが込められています。それらを交わすことによって、信頼関係を築くとともに、自分にも謙虚な気持ちが培われていくように思います。自分の話し方や言葉遣いを省みて、人と人との絆を深めていきましょう。（「ＬＯＶＥメッセージ」原文、以下同じ）

人間の悩みで一番多いのは、人間関係です。次がお金、その次が健康と続きます。人間関係で悩む方が結構多いようです。家庭内では親と子、兄弟同士の関係、会社では上司や取引先、同僚との関係などです。色々な人間関係によって社会が成り立つわけですけれども、色々な方が悩んでいます。

そういう中で、コミュニケーションは非常に大事だと思います。人間関係をスムーズにするためには、言葉のキャッチボール、コミュニケーションをたくさんとることが必要です。言葉《ことだま》が足りないために誤解をうけたりするわけです。

よく言霊ということが言われます。言葉にはエネルギーがあるということです。言葉の使い方で人生が変わっていきます。人間は言葉の通りの人生を歩む、言葉が人生を作っていく、という諺もあるくらいです。

やはり、いい言葉を使った方がいい人生を歩むんだと思います。人間に平等に与えられている財産は、言葉、心、時間の３つです。この平等に与えられた３つをどう使うかで人生が決まります。どうか皆さんは、いい言葉を使ってください。

成功する人には成功するような言葉を持っています。成功する人、成功しない人と比べると、はっきりと言葉の使い方に違いがあったというデータもあるようです。いい言葉を使った方が成功できるということです。

いい言葉を使うといっても、なかなか難しいと思います。ですから、ここでは絶対に使ってはいけない言葉を挙げます。３つあります。疲れた。忙しい。できない。この３つの言葉は絶対に使わない方がいいです。

しかし疲れた時は疲れたと言ってしまうかもしれません。「あー、疲れた」と言いそうになった時は、「あー、……今日も元気！」。（会場内、笑い）「あー、できないなー」と思ったら、「あー、……できる！」、「忙しいな」と思ったら、「……時間に追われている！」と言えばいいわけです。

そういえば、私の父親は「忙しい」としょっちゅう言っていました。「あー忙しい、あー忙しい、あー忙しい」って言っているから見ると、何もしていないんですね。（会場内、笑い）。「忙しい」と言っている人は、時間の使い方が下手です。私の血液型はA型です。出張が多いですが、寝る時はどんなに遅くなっても、あす朝の準備をきちんとしてから寝ます。起きてから15分あれば外に出られます。だからいつも髪が立っていたりします。（会場内、笑い）B型の人は違うみたいですね。朝することは朝準備すればいいと考えて、結構忘れ物が多かったりするみたいです。お風呂も朝入る人がいるようですが、私は必ず夜に入らないと寝られません。

だんだん話が逸れてきました。

スリーディー（3D）という言葉があります。これは何かと言いますと、「だって」「でも」「どうせ」です。これは特に女性が好きな言葉のようです。これらの次に来る言葉は、言い訳です。

私の好きな言葉を言います。「1つの言葉でケンカして、1つの言葉で仲直り、1つの言葉はそれぞれに、1つの心を持っている」という言葉です。言葉には心があるということです。ケンカをしても、言葉1つで仲直りができるんです。

次、行きます。

さて、正念場という言葉があります。「真価を表すべき最も大事なところ」「ここぞという大切な場面」ということです。就職面接や企画のプレゼン、入学試験やコンクールの発表会など、仕事や日常生活において、ここが踏ん張りどころというときが必ず訪れます。常日頃、存分に活躍する為に、自分の能力を高める時間を作り、ここ一番、正念場の気構えで難局を乗り越えていきましょう。

人生にはいろいろな場があります。磁場、広場、酒場、修羅場……。人生には、ここを乗り越えれば、という正念場が結構あります。

私はよく飛行機が飛ぶ時のお話をします。飛行機が滑走路を滑走し、ググググーと上がって、軌道に乗り、飛行態勢を整えます。飛行機の正念場は、機体が上がる時です。飛行機を乗ったことがある方はわかると思いますが、結構、機体が揺れます。

人生も軌道に乗せるためには、正念場があります。正念場にいる時は、命がけで頑張らないといけません。誰の人生にも、ここ一番という時が必ず訪れます。ぜひ、ここを乗り越えようと頑張っていただきたいと思います。

「今、ここ、自分」という言葉があります。難局に向かう時、私は自分に言い聞かせる言葉です。これは、「今やらなければいつやるんだ。ここで頑張らなくてどこで頑張る。自分の人生の苦しみは自分で乗り切るんだ」という言葉の略です。私は自分にこう言い聞かせて難局を切り抜けてきました。そう考えると、人生は楽しくなります。

あるところに二人の木こりがいました。一人は力持ち、もう一人はそれほど力がありませんでした。力持ちの木こりは、満身の力を込めて木を切ります。もう一人の木こりは真面目に働いていましたが、木を切るスピードは力持ちの木こりにはかないません。

しかし、一日が終わるころには、力のない木こりのほうが多くの木を切っていたのです。

力持ちの木こりは彼に、「僕は朝から晩まで休まずに働いていたのに、どうして君の方が多くの木を切れたんだい」と尋ねました。すると、「君が木を切っている間にも、僕は、時間を掛けて斧を研いでいたんだよ。斧がよく切れれば、力がなくても多くの木が切れるからね」と答えたのです。「斧を研ぐ」ことのように、日頃何かに取り組む場合に、まずは自分を高める時間を持つことも必要だと思います。

何が言いたいかといいますと、やり方、方法を考えることよりも、自分を磨いておけば良い結果が出るということです。逆に言えば、自分を磨いておかないと、いくらやり方や方法を考えてもうまくいかない。

よく、「上才」「中才」「小才」と言います。「上才」は、触れ合う袖もチャンスと捉えて自分のものにしてしまう人です。「中才」は、チャンスだとわかっていても、ものにできない場合がある人。「小才」は、チャンスに気付かない人。

人は誰でも人生の中でいろいろなチャンスが訪れます。しかしそのチャンスに気付かない人は成功できません。自分を磨くということは、目の前にある成功のチャンスを逃さないということに繋がります。ではどういう磨き方をすれば良いか。これは明日やります。「上才」になって、事業を発展させていってほしいと思います。

あるお寺の門前に貼られた紙には、次のような文言が書いてありました。

「きれいな花が咲きました。見えない根っこのおかげです」

「見えない根っこ」とは何を意味するのでしょうか。それは、自分自身の努力かもしれません。しかし、いくら努力してもどうにもならないことがあります。そのようなときに手を差し伸べてくれるのが、周囲の先輩や友人、仲間です。両親や家族の支えがあって、あなたが花を咲かせることができます。さらに突き詰めれば、先祖が与えてくれた生命があるからこそ、今のあなたがあります。周囲の人々や家族、先祖への感謝の気持ちを忘れずに、自分自身の花を咲かせて輝きましょう。

世の中にある全てのものは目に見えないものによって形づくられているという言葉があります。花を見て、きれいな花が咲いたというのではなしに、花をきれいに咲かせた根っこを見る。成功する人には、目に見えない力が働いています。同じことをしていても、結果に差が出るのは、目に見えない力が働いているからです。

38歳の時に、私と一緒に健康ふとんの販売をしていた同級生がいました。彼は末期の肝臓がんとわかり、半年後に亡くなりました。亡くなった日の朝6時半、「ピンポーン」と自宅の呼び出し音が鳴りました。玄関に出てみると、誰もいません。10時に彼の奥さんから電話があり、「今朝、亡くなりました」というんです。私はぞーっとしました。きっと、亡くなる寸前、彼がお別れのあいさつに来てくれたんだと思います。そういうことがあるんですね。

なぜ彼が私の所へ来たかというと、彼は会社の資金繰りのためにお金を借りなければいけなくなった時、保証人になってほしいと私にお願いに来ました。友達や親族に当たったが、全部断られたと言うんです。仕方ないので保証人になりました。そのお礼だったのだと思います。

その後、彼の奥さんが一生懸命働いて、借金を返済しています。奥さんは会うと今でも「あの時、稲井田さんが助けてくれた」と言っています。

戦後まもない1946年、現在のソニーの前身である「東京通信工業」の創立式で、創業者の井深大が20数名の従業員に向けて、「大きな会社と同じことをやったのでは我々はかなわない。しかし、技術の隙間はいくらでもある。我々は、大会社ができないことをやり、新しい技術で祖国復興に役立てよう」と言いました。ソニーのヒット商品にウォークマンがありますが、録音機能のないテーププレーヤーなど売れるわけがないと反対する人間が大半だったそうです。どんな分野にも、まだ誰も手を付けていない場所があり、そこに宝は埋まっているものです。

「独創的なものは、初めは少数派である」（湯川秀樹）

「今現在、私が最も恐れている挑戦者は、どこかのガレージでまったく新しい何かを生み出している連中だ」（ビル・ゲイツ）

いろいろ考えさせられる言葉ではないかと思います。

では、今日のテーマに入ります。

よく相談に来られる方に、私は人生に迷っていませんかと聞きます。多くの方は、そんなことはありませんと言います。それでは道に迷ったことはありますかと聞くと、それは何度かありますと答えます。道に迷った時は、人に電話して聞きます。聞かれた人は、「今どこにいるの」と聞き返すでしょう。どこにいるかがわからないと、目的地にどう行けばいいかはわかりません。

人生も同じです。今、あなたは人生のどこにいるか。そしてこれからどの方向に向かっていけばいいか。それがわかっていない人は、人生に迷っている人なんです。自分の進むべき道は何であり、どういう目標を持って、どういうふうに仕事をしていけばいいかがはっきりしないと、迷いながら人生を歩むことになります。では、どうすれば良いのでしょうか。

人はみんな一人ひとり違う環境で生きてきています。人の数だけ、人生があるわけです。しかし、人を築き上げてきたものは、①遺伝、②師匠、③逆境――の3つになります。

遺伝は、先祖代々のDNAです。師匠は、どんな人と出会って、どんな影響をうけてきたかということです。これが、人の進路や価値観を決めてきました。そして、どういう逆境を経験してきたか。逆境は、病気、災難、離婚、リストラ、借金苦、倒産などがあります。人間は逆境によって大きく育てられます。生ぬるい環境で苦労なく育った人と、いろいろな逆境を乗り越えてきた人では、違います。

私の父はよくこんなことを言っていました。「太平洋で育った魚と、日本海で育った魚は、同じ魚でも味が違う」。日本海の荒波にもまれた魚は身が引き締まっておいしい。人間も同じで、苦労はかってでもしなさいということです。逆境を経験した人間には味があるんです。小さい頃、よく父から聞かされていましたが、今思えば本当だと思います。

見えないモノによって人生は形づくられています。運命、自ら招くもの、想像から来るもの。これらが、今のあなたの人生の状況を作りだしています。

運命は、まず自分の運命の自覚をすることです。長男に生まれたのに、次男になることはできません。日本に生まれて、アメリカ人になることはできません。国籍は変えられても、日本に生まれたことは変えられません。これらはむしろ、宿命と言っていいかもしれません。宿命は変えられませんが、運命は変えられます。

自ら招くものは、毎日の習慣のことです。そして、人はいろいろな感情をもって、いろいろな想像をします。これらがいろいろなものを引き寄せるわけです。

人生が上手くいかない、何をやっても失敗する、人間関係やお金で悩んでいる、健康がすぐれない、などの状況はどうすれば克服できるか。それは、とにかく運を良くすることです。運を良くするのは、毎日の習慣を良くする。そして、良い想像、良い感情を持つように心がけます。

良い感情を持てば、良いものを引き寄せます。悪い感情を持てば、悪いものを引き寄せてしまいます。自ら招くものは、じつは、自分自身に原因があるのです。毎日の習慣によって形づくられているのです。

良い習慣とは、とにかく周りの人々に喜びを与えることです。そうすることによって、自分の運命も良くなり、人生も開けていきます。習慣は無意識の行動です。最初は意識してやらないと、無意識の習慣になりません。何回も繰り返し意識して行うことが習慣になります。

あいさつが苦手な人は、人に会ったら意識して「おはようございます」「こんにちは」と言うようにします。何度も意識して繰り返しているうちに、人に会ったら無意識に「おはようございます」「こんにちは」という言葉が出てきます。

1日に2万5000回「ありがとう」と言うと、がん細胞が消えたという実験もあるようです。

運を良くするには、３つの事をすれば良くなります。１つは、目の前の問題を天命だと思って引き受ける。天命とは天からの命令です。そう思えば、難しい問題も有り難い事になります。２つ目は、運の悪い人が集まる場所に行かないことです。逆に、運がある人とお付き合いをすれば、運が良くなります。ビジネスでも、運の強い人と競争したら必ず負けます。学歴やお金ではなく、運の強い人と組むと、ビジネスは良い方向に循環し、成功します。３つ目は、日々の行い、心遣いを良くすることです。良い心遣い、行いをすれば、良い結果となってあらわれます。これら３つの繰り返しが、運を良くしていきます。

私は32歳の時に４５００万円の借金を４年で返済しました。38歳の時に計1億６０００万円の借金を51歳で全額返済します。55歳の時に前の会社を良く言えばリストラ、悪く言えば追放されました。55歳、無職、やせ形、黒い顔（会場内、笑い）。それでも仲間が集まってきて、「何かやれ、私たち頑張りますから」と言ってくれました。

ですから、私は運が良かったと思います。難局のたびに、素晴らしい人との出会いがあった。そういう人たちに助けられて私は難局を乗り越えることができました。

運は良くしておいた方がいいのです。人生、無難に過ごせましたという人はいません。必ず苦難は訪れます。その時が勝負です。難局に陥った時、その人の本当の運命がわかります。グラントをスタートした時も、いろいろな出来事がありました。それを乗り越えることができたのは、まさしく天に助けられたんじゃないかと思います。


神様が喜ぶ、神様に好かれる3つの言葉を紹介します。掃除、笑顔、感謝。この3つは自分の人生に取り入れてください。

まず、掃除。健康ふとんの訪問販売を10年やって、お金持ちの家とそうでない家の差がわかりました。ドブ板商法で1軒1軒回りました。最後の頃は、ドアを開けて、家の方が出てきたその声を聞いた瞬間、売れるかどうかが判断できました。サンプルで布団をひくわけですが、お金持ちの家はあまり物がありません。風水でも、物をたくさん置くと、運気が悪くなるというようです。

笑顔は大切です。健康にも良いです。笑いのない家庭は病気だらけです。

感謝も大切です。幸せは、どんなことでも感謝できる人にしかやってきません。いつも不平不満の人に、幸せだという人はいません。幸せは感じるものですから、感謝することができる人が幸せを感じることができるのです。ちょっとしたことに感謝できる人になってください。

それでは時間がきましたので、ぼくの話はここで終わらせていただきます（会場内、大きな拍手が続く）。

次に聞いてもらうテーマは、「事が成る時は逆境の時」。このテーマは、稲井田が自らの半生を振り返ったもので、GSSの数あるメインテーマの中でも、おそらく最高ランクに位置する重要なテーマである。稲井田はよく、自身の人生での逆境について、「2度の借金と、55歳でのリストラ」を挙げる。その詳細が、このテーマで稲井田自身の言葉によって語られることになる。

ここではテーマの冒頭で稲井田が語った「枕《まくら》」部分だけを短く紹介する。

人間は、何かしようとする時に環境を整えようとします。こういう環境だったら私できる、というふうにです。でも結局、何もしないことが多い。

自分の人生を決めるのは、条件ではありません。自分自身の決意なんです。いま自分がどういう状況にあろうとも、自分がどう決意と覚悟をもってやるかです。決意と覚悟が自分の人生を切り拓くのであって、今の環境や条件は、まったく関係ありません。

人はなぜ上を目指さなければいけないか。東京都内の街を歩いているのと、東京スカイツリーから街を眺めるのとでは、まったく景色が違ってみえます。人生も一緒です。自分が成長すると、今の仕事がまったく違ったものに見えます。あるいは、自分の人生に対して違った見方ができるようになります。

ですから、人生を変えたいのであれば、上を目指せばいいんです。今の状態で景色を見ても何も変わりません。上から見れば変わって見えるんです。

上を目指すにはどうすればいいかと言いますと、1つは創造的なものの考え方をする。創造的とは、作り上げていく。グラントの会員は、グラント・クリエーター（GC）と呼んでいます。クリエイト、自分の人生を作り上げていく人たちという意味です。

2つ目は、成し遂げられるという信念をもつ。目標をもち、その目標に向かって決意と覚悟をもった時は、「必ずできる」という信念をもって生きていくのです。「できないかもしれない」、「無理かもしれない」と思って人生を歩んでもしょうがありません。成功者の共通点は、「必ずできる」と自分を信じることです。

前向きに生きるとは、目の前で起きるすべてのことをチャンスとして捉えて生きていくことです。これに対して、後ろ向きの生き方は、すべての出来事に対して、逃げようとする生き方です。

試練というものがあります。試練は大きければ大きいほど、大きく人生を変えることができると思います。ここに参加されている方は、何にも悩みがなく、順風満帆という人は少ないと思います。何らかの試練を感じていることがあると思います。しかし、それは自分の人生を変えるチャンスだと思えばいいんです。

私の大好きな言葉を紹介します。

「事が成るは逆境の時。事が破るるは順境の時」

逆境こそが、人生を大きく変えるチャンスを与えてくれている。逆境こそが、自分を育てくれているんだと思えばいいのです。みなさんもその年齢になると実感されると思いますが、40代、50代になるとなかなか自分を育ててくれる人がいません。そう思えば、逆境は良いものに見えてきます。

稲井田は、こう前置きして、本題のテーマに入る。

この稲井田の半生を赤裸々に語った「事が成るは逆境の時。事が破るるは順境の時」というテーマは、セミナー参加者に今も大きな影響を与え続けている。GSSセミナーのハイライトのひとつといってよい。

例えば、前出の野末は、このテーマに衝撃を受けた人のひとりだ。野末によると、GSSに初めて参加した時、最初のうちは「聞いたことあるな。知ってる、知ってる」という感じだった。しかし、稲井田が話すこのテーマを聞いて、印象が一変する。

「号泣しました。ぼくは農業をやっていて、農協と敵対するまではいかないにしても、あまり折り合いが良くなく、どちらかと言えば農協改革派でした。自分で直売したりして、農協から見れば面倒な、煙たい存在だった。そういう逆風の中で経営をしてきたので、自分の目指している生き方に近いというか、稲井田の生き方に対して憧れみたいなものが湧いた。この人に付いて行きたいと思いました」

このテーマを聞いたことをきっかけに、野末はグラントのビジネスに飛び込むことになったという。

「テーマ」ができるまで

焼津市のGSSを皮切りに、わたしはその後、複数回のGSSセミナーに参加させてもらった。印象的だったのは、話の内容そのものではなく、1つ1つの話がよく作り込まれているということだった。例えば、稲井田はGSSでよく、著名な日本人経営者の経営論や、海外の著名人が作り上げた経営に関する横文字理論について語っている。それらは読書から得られたものが基になっているという。

読書について、稲井田に聞いてみた。

「だいたい1カ月に最低5冊は読むね。どこで買うかというと、日経新聞の宣伝を見て、アマゾンで買う。出張の時に駅の本屋に立ち寄って買うこともあるよ。買うのは、だいたいビジネス書。読むのは、移動する電車の中が多いね」

雑誌は「週刊ダイヤモンド」「日経ビジネス　アソシエ」「プレジデント」を会社で購読している。世の中の動きはわかるから。最新の情報やね」。

ただ、稲井田の場合、本に書かれていることをそっくりそのまま話すというわけではない。あくまでも稲井田本人が感じ取ったことを加味しながら話しているという印象だ。これは本を本当に理解していないとできないことだ。そのことを聞くと、「同じ本をだいたい、3回から5回は読むからね」。本を「読み破る」という表現があるが、稲井田はまさにその表現にふさわしい本の読み方をしている。「グラントの仕事に合わないことを話してもしようがないからね」。

話の内容は相当作り込まれている印象だが、意外なことに、研修会で話すテーマの内容について、「どういう人たちが来ているかわからんから、会場に着いてから聞いて、来ている人たちによって話す内容を変える。みんなが知りたい事をいわなあかんから。主婦ばかりの時もあるし、自営業者の時もあるし」。

会場に来ている人によって、臨機応変に話の内容を変えるというのは、そう簡単にできることではないと思うのだが。そんな疑問をぶつけると、稲井田は「結構、引き出しがいっぱいあるのよね。だいたいの（話す）時間は決まっているから、あとは時間内に終わるようにするだけやね」と話した。

どうやら稲井田は、話術については天性の才能があるのかもしれない。

GSSに挑む稲井田の素顔

いくつかのGSSセミナーに出席して、気付いたことがあった。稲井田が話すグラントに関すること以外の経営論は、経済雑誌の編集に携わっていたわたしには、多くが馴染みのものであった。「え？　あの人がそんなことを言っていたの？？？」という発見はあまりなかった。しかし、わたしが関心したのは、稲井田は難しい内容をわかりやすく説明していることだった。その話を初めて聞く人にも、わかりやすいように工夫されているようだった。稲井田は、その技術をどこから学んだのか。

「それは持って生まれたもんやね。それだけは、誰かが真似をしようとしても難しいと思うね。どこかで訓練した？　まったくなし。学生ならいいかもしれんけど、40代50代の女の人たちが対象やから、難しいことをそのまま話してもね」

もっとも、稲井田には難しいことを噛み砕いて話しているという意識はないようだ。「本を読んで自分が感じ取ったことを、言うだけや」。

早朝と深夜、そして移動中、1日の独りになれるわずかな時間、稲井田はこうした読書を時間の許すかぎり続けているのだ。「だから、つねに仕事のことを考えているわけや。それが、結果としてセミナーで話すことに変っていくんやろなあ」。遠くを見るような眼をしながら、自分自身の奥深い部分を垣間見るように、稲井田はしみじみと語った。

こうした稲井田の仕事一筋の姿勢を、セミナーやワークショップを前にした周到な「準備」と呼ぶのはやや語弊があるかもしれない。ただ、確かなのは、稲井田が研修会などで話す様々なテーマひとつとってみても、一朝一夕にして成ったものではないということである。稲井田の講話のひとつひとつは、休みなしに仕事のことを考え続け、本を読んで自分の過去の経験や知見を総動員して理解し、日々の業務のなかで試行錯誤を繰り返しながら長い時間をかけて丁寧に積み上げられたものといえる。

「考えてみりゃ、まあ、67年間、つねに準備してきたようなもんやね。毎日毎日ね。人の前に立って話をするようになったのは、32歳やから。それから考えれば、もう35年間、人の前でしゃべってる。経験も変わってきているから、内容もずいぶん変わってきているし。2年前からあまり立たなくなったけど、それまでは年間50回から60回、研修をやってきた

会員みずからがセミナーの講師となる

から。それを何十年も続けてきた。そういう意味では、1000回以上は立っているわね。それだけ立ってりゃ、誰でもできるんじゃない」

稲井田は、コンサル会社などが開催する人材育成系のセミナーに受講生として参加することもある。「ぼくがやるのはグラントの会員さんのセミナーだけど、そうじゃない他のセミナーはどんなのかなと。視察やね」。

稲井田によると、セミナー講師は多いが、人を集められる講師はなかなかいないのが現実のようだ。稲井田が実際に参加したセミナーでは、30人程度のものが多かった。中には5、6人しか参加者がいないこともあった。一方、グラントの研修会は、200人、300人が参加する。

「セミナーを開催するうえでの一番のネックは集客ね。集客ができないセミナーはダメなのよ。話に魅力がないわけ。だからセミナー講師として成り立つ人は限られてくる。5、6人しか集まらないセミナーに行くと、やっぱりモノを売ろうとするよね。DVDを50万円で買ってくれとか。結構そういうセミナーが多いのよね。グラントは、よう集まると思うよね。1泊2日食事付で2万7000円やから。10万、20万とるところや、1日3万で食事宿泊代は別というのも多いからね」

グラントのセミナーはリピーターが多い。「演歌を聞きに行くのと一緒や。同じことを何回聞いても飽きない。だから違う話をしたら、ダメなのよ。みんな、この話が聞きたいというのがあって来ている。セミナーって、そんなもんや」。

稲井田に講演で特に気を付けていることを聞いてみた。

「講演で大事なのは、自慢話をしないってことだね。できれば失敗談の方がいい。これだけは気を付けている。面白い話を最初に入れるということと、自慢話はしない。これはセミナーのコツ。経験から言えることだね。いろいろなセミナーを受けたけど、結構、自己陶酔っていうか、立つ人が自分に酔っている場合がある。これだけ自分は成功したとかね。全然面白くないのね。聞いてる方が高いお金と貴重な時間を使って、あんたの自慢話を聞きに来たのと違う。だからダメなのよ。失敗談は『はあーそうか。大変だったなあ』と感動するけど、自慢話はしないというのは、人間同士のコミュニケーションと一緒やね」

ＧＳＳセミナーは、２００５年の創業から年間平均50回のペースで休むことなく全国各地で開催されてきた。もちろん、稲井田が毎回メイン講師として参加者の前に立ち、講演している。週1回は必ずどこかのセミナーで講演している計算だ。

10期目を過ぎて、稲井田は従来のようにGSSセミナーにメインとしては参加しないようになった。もともと稲井田の念頭には、各地区ごとのトップリーダーの実質的な主催で、年100回開催が理想像としてイメージされていた。そのためには、稲井田抜きでも開催できることが必須条件になってくる。

ただ、GSSセミナーは開催時期にもよるが、最低100人、200人の参加を目安としたセミナーだから、人数を集めるだけでもそう簡単ではなく、なかなか開催まで準備が大変なケースもあるようだ。12期目に入った2017年から稲井田井は再び、セミナーにメインとして立つことが増えた。「GSSはグラントの人材育成の根幹。この場で経営とは何かを学んでほしい」との願いからだ。ゆくゆくは年間100回の達成とともに、第一線からは退くつもりだという。

「経営者マインド」とリーダーの役割

稲井田は「グラントの設立目的は人材育成」とまで言い切る。「なぜ人材育成なのか」について、あるセミナーでは、こう語っている。

「なぜ人材育成を柱としたかと言いますと、色々な方が『これから伸びる業種は何ですか』『どこが儲かりますか』というわけです。伸びる業種、儲かる仕事なんて、ないんです。人が伸びていく、人が成長していく会社が伸びていきます。ご自分で仕事をされているのであれば、ご自分が成長すれば、あなたの仕事は伸びていきます。業種じゃないんです。そこらへんを理解していただくと、ビジネスは非常にやり易くなります。まず、自分を成長させることです」

よく、ビジネスの現場では「スキル」という言葉が使われる。「スキルを身に付けて、ワンランク上の仕事をしよう」とかだ。その場合、スキルは技術、テクニック、ノウハウなどを意味する。これは、基本的には、誰もが教えることができるし、誰もが身に付けることができる。ただ、それはあくまでもスキルであって、人間性は関係ない。極端な話をすれば、高いスキルを身に付けた人でも、他人に対する思いやりを欠いた言動をとったり、時には凶悪な犯罪を繰り返したりするケースもあるだろう。グラントの人材育成は、そんなことよりもまず、「経営者マインド」を身に付けましょう、ということのようだ。

稲井田によれば、「経営者マインド」とは、具体的には2つあるという。

「1つは成果を上げられる人、結果を出せる人です。やっぱりビジネスの世界ですから、結果を出さないとダメですね。会社だったら結果を出さないと、倒産です。会社を設立して、だいたい6割くらいの会社が廃業か倒産しています。10年経つと、わずか5％しか残りません。ということはどういうことかと言いますと、結果を上げ続けることができる人はほとんどいないということです。みなさんには結果を出せる人になってほしい。

2つ目が独立自尊の人。自立して自分を成長させようとして、日々努力する人。自立とは自分に期待すること。人と比べて生きないことです。常に人と比べて生きようとします。人は関係ないんです。あなたの人生。あなた自身の目標をしっかりもって、自分自身に期待して、自分自身を尊び、日々自分自身を成長させようと努力してほしいと思います」

稲井田はこう説明する。

「経営者マインドはなぜ必要か。仕事はすべてチームでやる。1人でできることはたかが知れている。これを徹底的に覚え込んでくださいね。いくら頑張ったって知れているんだ。良いアイデアやいいビジネスをしようと思ったら、チームを作らなければならないということです。そこにリーダーシップがでてくるんですが、利己的なリーダーはチームを作れない。自分の事を最優先でやると、チームはできない。リーダーはある程度の自己犠牲の精神が必要です。自分の利益優先、自分だけが勝とうとする、そういうリーダーはなかなか組織が出来上がってこないんです」

なるほど、「経営者マインド」とは「リーダーシップ」のことだと言えば、理解しやすいだろう。

「経営者はリーダーです。しかし、リーダーとリーダシップは違います。リーダーは実績ですが、リーダシップは実績プラス人柄です。以下、リーダー↓リーダシップの順に違いを列挙してみます。好かれている人↓愛を与える人。気づく人↓気づきを与える人。君はすごいと言われる人↓君はすごいと言える人。頑張る人↓頑張りを認め、育てる人。判断ができる人↓判断したうえで守る人。光る人↓光らせる人。食べさせる人↓食べる道を教える人。成功を手にする人↓多くの人助けをして成功へ導く人。この研修会で皆さんにリーダシップを学んでいただいて、自分の成功よりも周りの人の成功を応援できる経営者になっていただきたいと思います。

ではどうすればリーダシップを身に着けることができるか。

リーダシップの能力は、①人の話をきく姿勢、②1対1で相手と向き合って話をする、

③言い訳しない、④使命感をもつ、⑤有言実行、⑥人の弱みよりも強みを見る――の6つです。ぜひみなさんもこうしたことに気を付けていただいて、リーダシップを発揮し、経営者としてのスキルアップをしていただきたいと思います」

稲井田が構想する具体的な人材像は次のようなものだ。

「人に対して、愛を与え、気づきを与え、『君はすごい』と言え、頑張りを認めて人を育て、人を守り、人を輝かせ、食べる道を教え、人助けをして成功に導くことができる人材」

稲井田は、遠回りと思えるかもしれないが、ビジネスで結果を出すためには、スキルよりも人柄を重視した方が良いと考えている。

第3章

年商100億円の裏側

松下式経営

設立10年で年商100億円を達成したグラント。前章では、その大きな原動力のひとつである「人材育成」について検証してみた。ここでは、実際にビジネスの現場で、稲井田が「人材育成」によって何を生み出し、育成された人材がどのようにビジネスを行っているのかをみてみたい。

そのためには、稲井田本人の経営に対する考え方を知る必要がある。稲井田は経営の基礎をどこから学んだのか。稲井田は、グラント創業以降は国内外問わず、名経営者と呼ばれる人物に関する本を好んで読んでいる。

稲井田自身、「まあー、創業してからは、ものすごく勉強したよ」と過去を懐かしむように語っている。日本人経営者の中では、松下幸之助（パナソニック、旧松下電器）、稲盛和夫（京セラ）、孫正義（ソフトバンク）、柳井正（ユニクロ、ファーストリテイリング）の4人が特に印象に残っているという。

「この4人の本は、ほぼすべて目を通したね。それぞれ業種が違うから、グラントと合わないところもあるけど、考え方の良いと思うところを経営に積極的に取り入れるようにしている」

「やっぱり、ぼくは人を大切にする日本式経営に影響を受けていると思う。一方で、生き方としては、孫さんのような生き方に憧れるわね。あそこまで度胸をもって経営を決断できるかといえば、ぼくにはなかなかできないと思う」

4人の中で稲井田が最も影響を受けたのは、松下幸之助だ。稲井田が松下幸之助に共感する理由は、「ある意味で大きな法則を説いていると考えられるから」だという。

グラントの経営の大きな枠組みは、松下幸之助の影響が大きいようだ。

「どちらかというと、ぼくは松下幸之助の経営手法に親近感をもつ。理念経営だね。理念に共感した人たちの販売網を作り上げていって、商品を売る。松下式経営はお客を大事にして、決して実力以上のことはしない。そういう意味では、ぼくの経営の原点は松下幸之助にあるかもしれない」

稲井田が松下式経営としての「理念経営」を強調している点は見逃せない。稲井田もまた、「大きな法則」を説き、「理念に共感した人たちの販売網を作り上げていって、商品を売」っているからだ。

わたしはこの点をかなり重要だと思っている。この「理念経営」に限って言えば、完全コピーである。「完コピ」という表現に語弊があるならば、「松下インスパイア」とでも言おうか。いずれにせよ、この意味では、稲井田の経営に対する考え方は、極めて日本的なものであることがわかる。

稲井田は松下幸之助の影響を認めながら、一方で孫正義への憧れを隠さない。

「松下幸之助の経営は、リスクをできるだけ負わないように、自然の流れの中でやり繰りしていく。経営者としてドンと構えていて、自分の置かれた状況を知り、その役割を全うした感じ。一方、孫正義の経営は、リスクを背負って波風を立ててでも新しいことに果敢に挑戦していく。今はお金がうまく回っているが、銀行に莫大な借金があり、決して成功しているわけではない。かなり無理をしていると思うけど、時代の先を読みながら、リスクを背負って挑戦するという経営者の姿勢は共感できる」

これだけではない。取材でグラントのことを知るうち、わたしは、いわゆるフランチャイズ型の経営手法の影響もあるのではないかと感じていた。

稲井田がグラントを起ち上げる直前の読書で大きな影響を受けたという人物に、マクドナルド創業者のレイ・クロックとケンタッキーフライドチキン創業者のカーネル・サンダースがいる。このマクドナルトやケンタッキーフライドチキンのビジネスモデルは、一般に「フランチャイズ」と呼ばれる事業形態だ。

簡単に説明すると、自社（本部）は消費者に対して直営販売店を持たず、特約代理店（加盟店）の経営者と契約を交わす。特約代理店は、自社の商号や商標を使用し、自社商品を販売する権利が与えられる代わりに、自社に対して一定の対価（ロイヤリティー）を支払う。自社は特約代理店に独自の販売ノウハウを提供し、特約代理店の経営を支援する。日本では、ファストフードやラーメン、弁当店などの外食産業のほか、コンビニ、不動産、学習塾、フィットネスクラブなど幅広い範囲でフランチャイズ型のビジネスモデルが取り入れられている。

グラントのビジネスモデルを考える場合、まず、真ん中の骨格部分として松下式理念経営とフランチャイズ型経営が挙げられるといってよいのではないか。

コンビニは今でこそ自社商品（プライベート・ブランド＝ＰＢ）は当たり前だが、もともとは小売りだった。しかしグラントの場合、扱う商品は創業当初から自社ブランドであり、しかも素材やデザイン、日本製に徹底してこだわってスタートした、いわば会社よりも商品が先行したメーカーだ。

製造委託はするにしても、品質に妥協はしない。創業当時、主力商品の製造委託先であるエル・ローズには、むしろ、「いくらお金がかかってもよいから良い商品を作りたい」と申し入れている。

要するに、松下式理念経営の基本部分はそのままに、時代にそぐわない面を見極めながら改良し、一方でフランチャイズ型ビジネスモデルのプラス面だけを巧みに取り入れたものが、稲井田式経営と考えればわかりやすいのではないか。しかも、メーカーとしては何よりもビジネスの入口（商品の品質）と出口（店舗の販売力）を重視する姿勢を創業当初から一貫しているところに、グラントの最大の強みがあるといえるだろう。

わたしの見立てを稲井田に当ててみると、稲井田はフランチャイズ式経営の影響を認めたうえで、こう話した。

「イノベーションというのは、今までにない商品と、今までにないビジネスを社会に広めていくことやからね。そのように指摘されれば、ある意味、ぼくは新しいビジネスモデルを作ったと言えるかもしれないね」

「月商1億円」の稲井田式経営

もともと稲井田には、グラント設立当初から、商材を店舗で売るという発想はまったくなかったようだ。念頭にはつねに、自分が経験した、健康ふとんの訪問販売時代に培った代理店方式のビジネスモデルがあった。

代理店として健康ふとんを売っていた時代は、稲井田は1カ月間で約1億円の売り上げがあったという。当時の経験から、新たなビジネスに挑戦する時には、売る商品は、代理店方式で月に1億円を売ることができる商品かどうかを大きな判断材料とすると決めていた。稲井田は、月売で1億円出る商品でないと、利益を上げることは難しいと考えていた。

月1億円の売り上げは、1日平均で約330万円になる。この数字をビジネス参入の基準にすると、例えばコンビニエンスストアの経営などは初めから眼中になかった。コンビニでは、どれだけ頑張っても、月1億円はいかない。

この「月商1億円」を前提に、わたしが発見したのは、稲井田には、「企業は100億円売って一人前」という認識があるということだった。稲井田の判断基準は、月1億円、年間100億円にあった。つまり、グラントはもともと年商100億円を当面の目標としてスタートした会社だから、そのためには必然的に店舗以外で売るビジネスモデルがなければならなかったのである。

ここに、代理店の質の問題が極めて重要な要素として持ち上がってくる。いくら商品が良くても、ただお店にその商品をただ置いておくだけで売れるわけではない。各代理店がグラントの商品を1人でも多くの人に知ってもらいたいという強い意識をもって初めて商品は売れる。言い換えれば、もともとグラントには高品質の自慢の商品があるわけだから、あとは現場で商品を売る各代理店の能力さえ高めれば、商品は間違いなく売れてゆくはずだ。

稲井田はそう考えたはずである。稲井田は部下にこう語っている。

「人は嫌いな人からモノは買わないんだよ。事業経営としての器の勉強を僕のところでしたらいいじゃないか」

これはつまり、稲井田の経営哲学。「人としての器」が何より大切だということである。

直感力・人間力・運

稲井田はいつも、経営者に必要な力として、次の3つの力を挙げている。

「直感力」「人間力」「運の力」

まずは稲井田の説明を聞こう。

「一流の経営者は直感力が優れている。経営は色々な情報をもとに判断し、決断し、実行していくわけやろ。判断するのは、理論や理屈じゃなくて、直感力。自分が感じて、これはいける、やめた方がいいと直感で判断する。壊れかけた橋を渡るときに、この橋はまだ大丈夫と判断するかどうか。大丈夫と思って渡ったはずなのに、途中で橋が壊れて川に落ちて死んでしまうかもしれない。だから経営は綱渡り。経営者に一番大事な能力は、直感力やね」

「直感力の次に必要なのは、人間力。人間力とは、人に対して磁石の役割をする力で、人、モノ、お金を引き寄せる。会社を倒産させた社長の共通点は、直感力がなく人間力がない点。直感力と人間力に欠けた社長がビジネスをして一時的にどんなに儲けたとしても、長くは続かないもんや。だから経営は、人間力で自分よりも優れた人をいかに集めるかが勝負なんや」

「自分よりも優れた能力のある人にどうすれば協力してもらえるか。成功した創業者は、それほど飛び抜けた能力があるわけではないが、直感力と人間力をもっている。細かいスキルは、むしろ周りにいる人たちが持っていて、創業者を助けている」

「あとは運の力。運の中にはさまざまな運があるが、人の運もそのひとつ。社長がどれだけの人間力をもって人を集め、直感力で経営を判断し、運の力で成長させていくか。人間力と直感力を高め、運の力さえもっていれば、会社は伸びてゆくもんや」

稲井田は繰り返し、経営者には、「直感力」「人間力」「運の力」が必要であるという。

なぜ良い結果が出るのか

稲井田を支える代理店経営者、トップリーダーたちに聞いてみた。

ある幹部は言う。

「稲井田は、『売る力』はないと思うんですよ。説明を聞いていて、欲しいと思わないですから。だけど、人を育てるプロです。稲井田に会っていろいろ話を聞いた人は、みんな稲井田社長のファンになります」

事実、稲井田は現場で実際に売ることはしていない。

「エラそうじゃないし、無理強いしない。自分の人生だから考えて生きなさいとは言いますが、僕についてきなさいとは言わない。稼ごうとか、お金の話も一切しない。一緒にやる人たちのやる気を起こさせて、人を育てているんです」

この幹部によれば、人がグラントの商品を買う理由は、大きく分けて、①商品が欲しくて買う人、②ビジネス商材として買う人、③稲井田や代理店の人たちと関わってみたい人――の3パターンがあるという。

このうち、②と③は商品プラス・アルファを求めている。また、①で商品を買った人の中には、商品だけで満足せず、その後に紹介者や稲井田の話を聞き、②、③と移行する人も少なくない。

では、その「プラス・アルファ」とは何か。

稲井田は、現場の店舗での商品の売り方の話はしない。まして、売上の具体的な数字などは一切指示したことがない。重要なのは、経営をしていくうえで、人をどう育てるかという1点に絞られる。美容室やエステサロンなどは特にそうだが、経営者は美容にかかわる専門の技術は持っている。しかし、技術だけでは経営はできないという理屈だ。

稲井田はよく、セミナーなどで「すべての原因は自分にある」ということを言う。代理店経営者たちに対して、部下となる社員を育てるためには自分がもっと頑張らないといけないと奮起させる。そして、自分が頑張って経営者となり、社員のやる気が生まれてきた時に、同時に商材も動き始める。商品が先ではなく、人が育つのが先だという考え方だ。

これまで数字のことばかりを気にしていたオーナーや店長が、一転して、それぞれ「経営者マインド」を自覚して自分を高めれば、数字が後を追いかけてくることを知る。

数字を求めるのではく、「人としての器」を求める。大げさに言えば、思考の「コペルニクス的転回」(物事の見方が180度、変わってしまう事)が起きるのである。

野球チームに例えてみると

それでは、稲井田の経営哲学の根幹である「人としての器」を広げる人材育成と、ビジネスとしての結果がどう結びつくか。

別の幹部の答えは、明確だった。

「結局、自分の考え方が変るわけですよね。自分の中の常識、物事の捉え方、取り組む姿勢がまず変わってくる。これまでは当たり前であった周囲のあり方が変わる。だから夢が現実になるわけです。自分が決断すると、こんなことが実現できたらいいな、こんな収入があったらいいな、親子で仕事できたらいいな、といった思いが1個ずつ、そんなに長い時間をかけないで叶っていく。そういうことが自分でわかってくる」

幹部はさらに続ける。

「いろいろな業界にトップセールスマンはいますけど、やっぱり自分の成績が一番大事。だから同じ営業で仕事している人からはトップセールスマンは妬まれる。お互い競争だし、お客さんを取ったり取られたりの蹴落とし合いですよね。でもグラントは、共に成長しながら、相手が成功することも一緒になって喜ぶことができる。どのグループかに関係なく、みんながどこかでお世話になるんだから、仲良くしようという風になってくるんです」

確かに、通常のビジネスでは営業の店舗どうしはライバルで、NBの中には、お互いに名刺交換すらためらうような雰囲気がある場合も少なくないという声も聞く。しかしグラントは、代理店どうしがいわば野球チームのメンバーのようで、しかも、それぞれが得意なことを尊重し合っているかのようだ。グラントは稲井田という総監督の下に集まった下着売りの球団と考えれば理解しやすいかもしれない。そのチームとしての団結力こそ、グラントの最大の強みと言えるだろう。

グラントをずっと見ていると、いわば、稲井田を源流としたマインドの3重の連鎖を辿ることができる。1つ目が、稲井田という総監督と代理店という選手（プレーヤー）との結びつきで、これは球団そのものの固い結束を意味する。2つ目が、代理店どうしの結びつきで、これは球団内のチームメイトどうしの連携プレーを意味する。3つ目が、代理店という選手個人とその身内（家族）の結びつきで、これは選手個人のベストパフォーマンスを可能にする身内（家族）のサポート体制を意味する。


どういうことか、詳しく説明しよう。

まず、稲井田の基本理念は、「ギブ&テイク」ではなく、いわば「ギブ&ギブ&ギブ」だ。それをグラントにかかわるみんなが理解しているから、グラントの代理店の経営者には稲井田に恩返しがしたいとか、会社のために役に立ちたいというモチベーションが生まれる。

しかし代理店は、稲井田のためだけに動いているというわけではない。みんながそれぞれやりたい事や実現させたい夢を持っていて、それに向かって頑張っていて、一方の稲井田はそれぞれのやりたい事や夢を実現させたいと思っている。

夢を実現させるためには、それぞれが代表を務める会社をうまく経営していかなければならない。そのためには、経営者としての人材育成が必要だから、稲井田はセミナーで経営者マインドとは何かをつねに説くことになる。その経営者マインドをそれぞれの代理店経営者が学び、それぞれの経営に取り入れる。

さらに、代理店どうし、つまりグラントという球団のチームメイトとしての連鎖が重なる。球団の中で、投げるのが得意な人はピッチャーを任され、打つのが得意な人はバッター、守備が得意な人は守備として活躍する。しかも、それぞれの個性を活かす打順、ポジションを担当できる。得点が入れば互いに喜び、失策をしたら互いに励まし合う。自分の成績はもちろんだが、選手1人ひとりはチームとして良いパフォーマンスを出すためには何をすれば良いかを考えている。

なおかつ、代理店の現場レベルでの経営者と従業員のつながりがある。代理店の経営者はGSSセミナーなどで稲井田から学んだことをそれぞれの店舗でスタッフのミーティングや研修などで積極的に活用する。経営マインドが代理店の現場の隅々にまで浸透すれば、経営者だけでなく従業員やスタッフもやる気をもって仕事をするから、現場全体の質が上がる。目標を共有することによって、社内の人間関係がスムーズになり、職場全体の風通しも良くなる。結果として売り上げが伸び、業績につながるというわけだ。

この稲井田を源流とするマインドのつながりは、稲井田と各代理店が双方向に行き来しつつ、代理店同士が双方向に行き来するだけでなく、代理店の現場の中で経営者と従業員でも双方向に行き来しながら、ダイナミックに進んでゆくのである。

グラントに関わる人たちの話を聞いていると、お金儲けのことなど、まるでどこかに飛んで行ってしまったような感覚に襲われる。

前出の別の幹部はいう。

「後から付いてくる感じですよ。お金儲けは。目標設定の仕方ですよ、お金儲けのためにやるよりも、何のために働くのかを明確にしておく方が、動きやすい。自己利益のためだけにやるよりも、仲間を手伝って一緒に助け合いながら成長した方が、楽しいんです。

そのプロセスの中心に稲井田の人材育成があります。稲井田はいつも、『本当は簡単なんだよ。人を喜ばせたら、その喜びが自分に帰ってくる。だから人が喜ぶことだけをしていればいいんだよ』って言っています」

稲井田の経営論の根幹が「数字」ではなく「経営者マインド」にあり、自分自身の「直感力」「人間力」「運の力」を磨いて「人としての器」を拡げ、支え育ててくれる応援者や協力者を増やしていくことがビジネスの結果につながるということだ。

ところで、「経営者マインド」をわかりやすい一般的な言葉に置き換えてみると、「やる気」ということになるだろう。この「やる気」と「結果」が結びつくメカニズムについて、とても興味深い指摘をしてくれたのは、静岡の野末だった。

野末はこう解説する。

「やる気が出る瞬間は、自分の中で『あ、これできる』と思った時なんです。『できない』と思っている人に対して、どんなに発破をかけても無理。不安が少しでもあると、『できない』と思ってしまう。稲井田は不安を取り除くのが上手で、結果、『できる』と思えるようになる。だからやる気が出るんです。そこに、今までになかったモチベーションの新しい形が生まれるわけです」

グラントの「商品」と「人」

なぜ、福井で１００億円企業が生まれたのか――。

ひと言で言ってしまえば、商品と人が優れているからである。ごく簡単に言えば、メイド・イン・ジャパンの高品質な商品と、人材育成の研修プログラムによって自己成長を遂げた代理店経営者という2つの大きな柱が、グラントを10年間で100億円企業に押し上げたのである。

一般に、製造業に限らず、ある一定以上の規模の会社では、売上が悪化すると、企画・開発（生産）部門と営業・販売（宣伝）部門での確執が生じることがある。製品が売れないのは、製品そのものが悪いのか、売り方が悪いのかをめぐって、意見の食い違いが表面化するのである。たいてはその両方が悪いのだが、互いに譲らず、「商品」なのか「売り方」なのかで堂々巡りとなる。

この場合、例えば大企業では、どちらかといえば企画・開発部門に優秀な人材を配置している傾向があるから、分が悪いのは営業部門となる。しかし、営業現場にとってみれば、商品を介して購買者と直接向かい合うのは現場であって、お客のニーズがどこにあるかを肌感覚で感じているのに、それが商品に反映されていない、という不満がある。商品をめぐる、需要と供給のミスマッチというわけだ。

こうしたミスマッチは、グラントでは起きない。なぜなら、グラントは営業現場に圧倒的な権限が与えられているからだ。商品を売る人たちの現場の意見は本社に不断にフィードバックされ、製品に反映される仕組みになっている。だから、グラントにあっては、「商品」と「売り方」はいわば表裏一体であって、むしろ逆に、売る現場の人たちが商品を作っているといって良いかもしれない。

しかし、ここで問題にしたいのは、その「商品」(「売り方」)とはいったい何か、ということである。グラントにとって「商品」とは何か。言い換えれば、グラントは何を売っているのか。

言うまでなく、グラントは機能性(補正)下着を主力商品とするメーカーである。では、グラントにとって、補正下着とは何か。もしかすると、補正下着「を」売っているのではなく、補正下着「で」何か別のものを売ろうとしているのではないか。「商品」と「売り方」を串刺しにし、一体化させているものが、まさに稲井田の経営哲学だ。グラントの商品と人は、ありとあらゆるものが稲井田章治という人物に行き着いてしまう。すべての源泉は、稲井田というキャラクターだ。

グラントの会社としての最大の強みは、そのキャラクターが作り上げた経営哲学が、全国各地の営業の最前線にまで絶え間なく浸透し、それが貫徹し続けていることにほかならない。

「GSS」と呼ばれるグラントが力を入れる人材育成の研修会は、稲井田が運営するいわば「稲井田学校」であり、グラントの代理店経営者はそこで稲井田の経営哲学を学ぶ生徒に等しい。グラントの商品を売る生徒たちはそこで、稲井田という源泉から湧き出る経営哲学を吸収し、個々の現場で経営哲学としての「稲井田イズム」を実践する。

ならば、こう問うことができるだろう。「稲井田イズム」は、補正下着で何を売ろうとしているのか、と。わたしはその答えを、意外にあっけなく手に入れることができた。

稲井田は、こんなことを言っている。

「とにかくね、クリエーターの数を増やすことやね。会員をふやしていくことやね。多くの人にこう、グラントを伝えていく。ただ、そん時に商品を売ろうとするからダメなのよね。考え方を売っていかなあかん。なぜわたしはグラントの仕事をしているかということを伝えればいい。すると、共感を得た人は、じゃあわたしも参加するわ、とこうなるから。商品が高いか安いかは関係ないのよ。何のためにやっているか、そこが大事。事業の目的ってよく言うけどね。事業の目的をはっきりさせようっていうこと。

何のためにグラントをやって、なぜあなたに伝えに来たかということが大事。

だいたい、人間の悩みなんてね、人間関係か、お金か。あるいは、健康、老後、自己成長。この人は人間関係で悩んでいるとわかったら、人間関係を良くするためと言えばいいのよ。わかるやろ。これが事業の目的やから。われわれはね、人間の悩みを解消するというのが大きな1つの目的」

次は、その「考え方」の中身だ。この「考え方」こそ、補正下着の背後に隠れているグラントの真の商品であり、グラントを10年で100億円企業に成長させた最大の原動力なのだ。稲井田の経営哲学である「稲井田イズム」の根幹は、ここにあるといえる。

稲井田は「考え方」を「事業の目的」とも言い換えている。ということは、グラントの事業の目的を知れば、「考え方」が判明することになる。

たいていの企業は、企業理念を掲げている。オーナー企業であれば、企業理念には創業者の熱い想いが詰め込まれているだろう。会社の事業の目的といえば、その企業理念に含まれるのが一般的だ。

ではグラントの商品を売る現場の立場から、「考え方」を見ていこう。

稲井田は現場に何を語ったか

稲井田本人は現場にどのような指示を出しているのか。

稲井田は17年9月から、全国各地の「GP」と呼ばれる中堅クラスの人たちとの個人面談を新たにスタートさせている。面談はグループ単位で行われる。稲井田本人がグループが活動する地域に足を運び、メンバー1人ひとりと顔を合わせる。1人10分程度だという。稲井田に目的を聞くと、「コミュニケーションやね」。始めたきっかけは、「うーん。まあ人数が多いからね。なかなか、1人ひとりと話す機会がないから」。稲井田自身のアイディアだという。

現場の最前線で動いている中堅クラスの人たちが、改めて自分たちの日頃の仕事の目的や課題、目標を明確にすることで、決意新たに仕事に取り組んでもらうだけでなく、グループ全体の士気を高める狙いもあるようだ。中堅クラスの人たちにとっては、現場での悩みや自分が感じたことを稲井田に直接伝え、具体的なアドバイスが聞ける絶好のチャンス。一方の稲井田にとっては、普段接する機会はあまりない現場の1人ひとりに会い、細かい話を直接聞くことで現場の実情がどうなっているかを把握できる。

もともとグラントは人材育成を重視する会社だから、現場で働く人たちの仕事に取り組む姿勢や目的意識をつねに大切にしてきた。研修会を頻繁に開催し、稲井田が人前に立ち続けているのも、そのためだ。ただ、大勢を前にする研修会での講話は、どうしても一般的な内容になりがちな側面もある。1人ひとりと向き合う面談では、それぞれの生の表情を見ながら、その人の置かれた個別の状況に合わせた的確なアドバイスができるというわけだ。

稲井田は、13期目には、グループ全体で「150億円」という目標を掲げており、そう簡単に目標が達成できるとは、稲井田本人が思っていないはずだ。このため、稲井田は海外展開の拡充やフィットネス事業の展開、2018年4月にはクリニックを買収するM&Aなど、新たな戦略を次々に打ち出している。中堅クラスの人たちとの個人面談も、その一環である。

一連の取材過程で、わたしは偶然にも、稲井田と中堅代理店クラスの人たちとの個人面談の様子を見聞きする機会に恵まれた。テーブルに座り、1人の中堅幹部と向き合って話す稲井田は、研修会などで大勢を前にしゃべる稲井田とは別の稲井田だった。

以下は、稲井田と中堅クラスの人とのやりとりを再現したものだ。

「去年1年間の売上が2000万円。今年は3500万円。1100万増えたね。良かったね。でも、3500万円は立派な数字じゃないね。来年の目標は？」

「来期の目標は、1億5000万」

「1・5億。さあ、約5倍やね。5倍やろうと思ったら、今のやり方では無理やね。どういうふうにやろうと思ってるの？」

「セミナーを、いろいろ人と組んでやっていくということ始めていまして」

「1億5000万やろうと思うんなら、まず1つは、新規出しやね。もう1つはね、小さい単独セミナーをやった方がいいね。合同もいいけど、単独でやるの。どういうやり方をするかというと、10人限定でやるのよ」

「グループで、ですか」

「なるべく少ない方がいいね。そのうち新規が5人くらい来てくれるといいんだけども。1時間は会社、商品、プログラムやって、あと1時間は試着会。○○さん1時間、1人で喋ればいいから。そうやってうちに、参加したクリエーターたちが、自分で喋れるようになるから。ある程度いったら、今回はあなたは商品説明して、あなたは会社説明してと振っていけばいいから。プロ意識。プロ意識さえ持たせればいいのよ。アマチュアじゃなしに。プロ意識ってどういうことかというと、お金をもらったら、プロなのよね」

「そうですね」

「お金をもらわないのは、アマチュア。例えば、プロ野球選手は野球をしてお金をもらうからプロや。草野球はお金をもらわんから、アマチュアや。高校野球もお金もらわんから、アマチュア。ということは、みんなに何を言わないといけないかというと、グラントでモノを売ってお金をもらっている以上は、プロ。意識の問題。別に、プロとは何かとか難しく考えなくていいのよ」

「ええ」

「プロとして、意識を持ちましょうということなんよ。もう1つはね、プロっていうのはね、仕事の意義、仕事の楽しさを知ることだよね。これがね、プロ意識なのね。仕事の意義って何かというと、なんのためにグラントをやっているか、仕事の意義やね。ぼくはGSSで何を言っているかというと、グラントを設立した目的を言っているわけや。仕事にかかわる人たちがより豊かで幸せな人生を送ってもらいたい。これがグラントの存在価値です、と。仕事と人生に良い結果をだすために、そのためにも、人材育成を柱としました、と。こういう話をするね」

「はい」

「ということは、どういうことかっていうと、みなさんがグラントの仕事をしているのは、出会った人たちに対して、より豊かで幸せな人生を送ってもらいたい。そのための商品、プログラムですと。この仕事の意義をね、伝えていかないとね」

「はい」

「つらいこと、苦しいことは続けられない。だからGPの仕事はね、いかに楽しさを伝えるかってことだよね。いい組織っていうのは、みんなの仲がいいこと、これだけなのよ。人間の能力なんで、そんな差はないのよね」

「うん」

「1億5000万。あなたはもともと力があるからね」

「はい。ありがとうございます」


以上、時間にして10数分程度である。

注目すべきは、稲井田のいう「プロ意識」ということだ。稲井田によれば、「プロ意識」とは、仕事の意義と楽しさを知ることである。仕事の意義とは「グラントを設立した目的」、これは「事業の目的」と言い換えてもいい。つまり、「プロ意識」とは、グラントの真の商品である「考え方」と同じということだ。

稲井田は10数分の短い時間で、この「プロ意識」（「考え方」）に関して、同じことを3回も繰り返している。改めて列挙すると、こうだ。

① 仕事にかかわる人たちがより豊かで幸せな人生を送ってもらいたい。これがグラントの存在価値です。

② 出会った人たちに対して、より豊かで幸せな人生を送ってもらいたい。そのための商品、プログラムです。

③ あなたの関わる人たちをより豊かで幸せな人生にしていくための、商品であり、プログラムです。

ここまでくれば、「考え方」の中身は明らかだろう。グラントの主力商品である機能性下着の背後にある「考え方」、つまり補正下着の背後に隠れている真の商品とは、「より豊かで幸せな人生を送ってもらいたい」というメッセージなのだ。

接客最前線「実況中継」

グラントには全国各地に「ララサロン」と呼ばれる施設がある。試着室や会議室を備え、最前線の現場の人たちが集まる商品販売の拠点だ。ここで、現場の人たちがお客さんに対し、グラントの商品を説明したり、実際に試着をしてもらったりする。

ここからは、現場の最前線でお客さんと接する代理店経営者の女性に登場してもらおう。

9月下旬、都内某所の「ララサロン」。わたしは、販売の最前線で活躍する関東地区のトップリーダーの1人を訪ねた。接客の様子を取材するためである。

この日のお客さんは、40歳代と思しき女性。グラントの代理店2人がテーブルに同席し、計4人で接客が始まった。代理店2人は付き添いのような役回りで、グラントの話はしていない。会話は終始、お客さんとトップリーダーとの間で交わされている。

「私どもは、グラント・イーワンズという会社の製品を個人や法人に販売しています。法人顧客で有名なところでは、ＪＡＬさんってご存知ですか」

「飛行機の？」

「お取引先なんです」

「うーん」

「一般のお客さん向けに、会員サイトで販売しています」

「あー、そうなんですね」

「衣食住ってありますけれど、衣って1番なんですよ。いい意味で、1番。よく皆さん食のことを気にされる方は多いですけど、意外に衣類って抜けてませんか」

「結構ね。どこでも買えますしね」

「もちろん、食べないと死んじゃいますけど、変な話、1週間食べなくても水だけあれば生きていけますよね。でも1週間、真っ裸で社会生活ができるかっていったら……」

「アハハハハ。難しい」

「そこでマーケットが生まれます。なので、わたしたちの下着は、たくさん売れているわけなんです」

「最初に、会社の話をさせていただいて、その後に、商品のコンセプト、どんなコンセプトで商品をつくったかということをご説明します。その後で、ざっと商品をご案内したいと思います。もしも、ご興味があるものがありましたら、『あっ、これ興味がある』と言っていただければ、それを中心にお話したいと思います」

「あっ、わかりました！」

「下着の影響のこと、私もこの仕事をするまで気にかけたことなかったんです。適当に買って、適当に身に着けていました。この会社の商品と出会って、びっくりしたんです。私自身、13号というかなり大きな体格だったんです」

「えー、そうだったんですか」

「身長156センチで13号は大きいですよね」

「写真、ありますか」

「ありますよ。（スマートフォンで写真をさがしながら）クラス会があって、その時代のわたししか知らない人がいて」

「みなさんびっくりしたでしょ。整形か、吸引かって」

「（これです）ええーっ（スマートフォンの写真を見せられて）。すれ違っても、わかんない」

「いつまで経っても、やっぱり若いねとかキレイだねとか、素敵だねとか言われていたいですし、ずっとモテモテでいたら、機嫌が良くなりますよね」

「うんうん」

「会社ができた経緯を少しお話させていただきますと、グラント・イーワンズは英語で表記されています。グラントの次のイーは、『エクスペクテーション』、期待に。ワンズはひとりひとり、グラントは応える。ひとりひとりの期待に応えたいといってこの会社が立ち上がったんです。社長は稲井田章治といいまして、この方なんですよ。ちょっと、この商品からは想像もつかない素朴な人ですよね」

「男性ですか」

「世の中のほとんどの下着会社の社長は男性なんです」

「あー、そうですよね」

「この社長が、ある想いで会社を起ち上げました。ひとりひとりの期待に応えたいということでつくったんですけど、目的が3つありました。1つ目は出会った人たちの期待に応えることができる会社にしたい、2つ目は自分の人生に対して常に挑戦していく人たちの集まる会社にしたい、3つ目は仕事を通じてひとりひとりの夢を実現できるような会社にしたい、ということです。

「何の目的で会社をつくったかというと、もちろん商品はあるんですけれども、この会社のそもそもの目的が人材育成だったんですよ」

「うーん。うーん」

「人を育てたいというというのがベースにあるので、じつはこの10年間、社長が毎月研修会というのをやっているんです」

「それは、何の研修なんですか」

「帝王学」

「帝王学？」

「はい。人間がどう生きたら幸せになるか。……そこだけ言うと、宗教っぽいですね」

「うーふふふふ」

「どういう方が研修に来られても、誰でもがなるほどと思う話が2日間、40テーマでありますす。面白いんですそれが。エネルギー不滅の法則とかがあって、目に見えないけどもエネルギーは着々と蓄積されて、きょうあなたが行動したエネルギーは、すべてが着々と宇宙銀行に貯金されていますよ、と聞くと、その日やったことは無駄にならないって思ったりもしますよね。そういう話が2日間通してあります。今まで愚痴が多かった人が、愚痴を言わなくなります。」

「うーん」

「そういうことを聞いたら、人材育成にどれだけ力を入れているかがわかりますよね。そこがベースにあったうえでの、商品をつくっている会社です。いま、メイド・イン・ジャパンのタグがついた衣類って見かけますかね」

「見ないですよ」

「家中の服見ても、探せないですよね」

「みんなチャイナとか、ベトナムとか」

「でも、この商品はメイド・イン・ジャパン、福井県で作っています。職人さんがひとつひとつ手で縫い上げています。海外から日本に旅行に来られている観光客たちは、メイド・イン・ジャパンの製品が欲しいんです。職人さんの手作りで、長持ちして、見た目もキレイですし、優越感も生まれます。

わたしは介護施設で事務員をしていたころに、この会社に出会って、挑戦しました。シングルマザーで、当時は1カ月間の食事代チャレンジ1万円生活を続けていました。今は海外の大学で学ぶ娘のためにも年間貯金チャレンジ1000万円を目標にしています」

「おーっ」

「この会社に出会って、わたしは夢を叶えさせてもらいました。とてもいい考え方を教えてくれる会社です」

「うーん」

「本人の仕事のスキルや技術とかは、だいたい2割らしいです。仕事のやり方が3割。残りの5割は、その人がどういう考え方かによって結果が違ってくるみたいです。うちの会社は、やり方は割と『自由なやり方でいいよ』と。だけど、『考え方だけは、この考え方でやってほしい』ということを研修で教えています。だから、会社全体の業績が伸びているんです。

「考え方」を売る会社

この間、約30分。

このフレーズ。「この会社に出会って、わたしは夢を叶えさせてもいました。とてもいい考え方を教えてくれる会社です」。

お客さんに対して、グラントは「考え方」を売る会社ですと言っているのだ。

「考え方」を売るという稲井田の経営哲学としての「稲井田イズム」は、こういう形でお客さんの前で実践され、具現化されているのである。おそらく、このトップリーダーと同じように、「考え方」を売っているから業績が伸びているのだという認識は、結果を出しているグラントの現場では自然に定着しているのだろう。

わたしはこのトップリーダーにインタビュー取材を試みた。

「接客方法は、お客さんによって変えています。どこに関心があるかによってお話する順番が変わってきます。大きく分けて、商品、人（会社）、プログラム、３つの入口をいつも考えています」という。

最初の30分でグラントの説明、次の30分で商品説明、そして試着に入るという流れだった。「あの時は、試着をしたいということでしたが、女性は自分で起業してバリバリ働いている方なので、あんな感じになりました。商品に興味があると同時に、自分のビジネスでお客さんにも売れるかなということも考えられているようでした」

接客で心掛けていることは、「笑顔を絶やさないことと、安心感を与えること」だという。

「高額商品を売っているので、怖いという恐怖心を与えやすいんです。買わないと帰してもらえなかったという過去の良くない体験をもっていらっしゃる方もいますので、そういったことがないように、本人の選択を一番の中心に気を付けています。ただ、本人の選択といっても、迷っていて困っているような方には、勇気をもって自分を変えるために一歩を踏み出しませんかというくらいの肩の押し方はします。無理矢理感は絶対に出さないよう気を付けています」

そして、こんな注目すべき発言も飛び出した。

「接客で大事なのは、仲良くなることです。売る側と売られる側ではなくて、相談に乗っているような目線で何でも話ができるような感じが理想です。もちろん、自分の体験もお話しますし、何か悩みがあった時、この人に相談したら色々と解決してくれるかなと思っていただけるように心がけています」

これは稲井田が研修会の雑談の中で話した内容と、一致している。稲井田は「人間の悩みなんてね、人間関係か、お金か。あるいは、健康、老後、自己成長。この人は人間関係で悩んでいるとわかったら、人間関係を良くするためと言えばいいのよ。われわれはね、人間の悩みを解消するというのが大きな1つの目的」と。このトップリーダーは、接客時に、「グラントの商品『で』『考え方』を売っています。一緒に悩みを解決しましょう」とお客さんに提案しているのである。

グラントの現場では、機能性下着という商品で「考え方」を売っていたのだった。


トップリーダーはさらにこう付け加えた。

「スイスの高級腕時計なんかも、歴史とストーリーを語っていくんです。高級車なんかも、このエンジンの性能はこうで、とかじゃなくて、歴史とストーリーを語り、買い手もそういう話に興味をもつらしいです。性能や機能は当たり前としてあって、プラス何を語るか。グラントが設立以来、右肩上がりに成長している理由も、そうした歴史とストーリーを語っているからだと思います」

グラント・イーワンズとは、稲井田章治であると共に、現場のトップリーダーたちでもある。いや、正確に言えば「稲井田章治」とは現場のトップリーダーたちであり、現場のトップリーダーたちは「稲井田章治」なのだ。わたしは、こういう相関関係こそが、グラントが100億円企業に成長した理由だと思っている。

組織系統の流れとしては、上から指揮命令が降りたり、下からアイディアや具申が上がったりすることが特徴ではない。中心の1点から水平に、経営理念が波紋を描くように広がると思えば、今度は各同心円状から中心に向かって波が引くようにエネルギーが押し寄せ、あたかも大波が大木を押し上げるように稲井田という経営者をかつぎ上げる。

稲井田は、波打つ海上の真ん中に浮かぶ神輿のような存在だ。

稲井田は、独自の経営哲学によって社員だけでなく代理店グループ全体に君臨する「カリスマ経営者」などではない。いわんや、新興系のオーナー企業に多い「ワンマン社長」や、中小零細に多い同族会社の「創業者社長」でもなければ、経営手腕を売りにさまざまな企業を渡り歩く「プロ経営者」でもない。そのような意味では、稲井田は従来の「経営者」の範疇に属していない。

稲井田は、権力を行使しないかわりに哲学を語る。一方で、同心円状に広がった支援者たちは現場で哲学を実践すると同時に、つねに稲井田のもとに帰ってゆく。その相互の絶え間ない往来が引き起こすいくつもの波によって上下に揺れながら、稲井田はたった独りで浮かんでいる。いわば「神輿型社長」といって良いのではないか。わたしはそう思っている。

第4章

稲井田章治って誰だ？

福井生まれ福井育ち

稲井田章治とは、どんな人物なのか。グラント設立までの半生を振り返ってみよう。章治は1950（昭和25）年1月14日、稲井田家の長男として、福井県福井市に産まれた。戦後の第一次ベビーブーム期（一般には1947〜1949年）に産まれた「団塊の世代」で、戦後生まれで一番人口が多い世代だ。父親は一二《かつじ》、母親は文子《ふみこ》。兄弟は、4つ下の弟がいる。

両親も共に福井市出身。父の一二は商売人で、福井市内で織物資材関係の自営業をしていた。章治は父が商売をする後ろ姿を見て育った。母の文子は主婦として家庭を支え、2人の子供を育てながら、父の商売を手伝った。

両親は、子供たちをほとんどほったらかしだった。稲井田も「おかげさまでね、好きなことをさせてもらえた」と振り返る。進学や進路のことも、ぜんぶ本人まかせ。子供がこうしたいと思えば、親は子供の思うようにさせてくれた。

稲井田は、父親から怒られたことは1回もない。ここは稲井田という人物を知るうえで大事な点と思われるので、冷静に思い出してもらったが、「記憶がない」という。一方、母親からはいろいろ小言はいわれたが、怒るような感じではなかった。

総じて、父親も温厚、母親も温厚。両親とも、どちらかと言うと、人の面倒を見るタイプ。自分のことよりも、人に対して気遣いができる人だった。

「そういう両親の良いところは受け継いでいる感はするね。商売は下手やったとぼくは思うよ。商売そのものよりも、人間に対する見方とか接し方とかは確かに引き継いでいると思う」

稲井田は、グラントの本社社員に対して、怒ったという記憶がないし、実際、怒ったことはないようだ。怒る、という行為に関して、稲井田は完全に両親の優性遺伝子を引き継いでいる。

一般に、当時の長男は農家であれ、商売人であれ、家業の跡継ぎとして育てられることが多かったはずだ。しかし、稲井田の記憶には、父親から家業を継いでほしいと言われたとか、自分が家業を継ぐといった意識はまったくなかった。

ただ、父の後ろ姿を見ながら、自分も大きくなったら商売をするのかな、というぼんやりとした感覚はあったという。というのは、幼いころから、会社に入ってサラリーマンになる気はまったくなかったからだ。まだ具体的に何をするのかは漠然としていたが、小学校に入ると、将来自分は商売をするんだなという自覚が徐々に大きくなっていた。

幼いころから、父親はよく章治にこう言っていた。

「もし、商売をするのなら、口に入れるものか、女性の身に着けるものにしろ。この2つは食いっぱぐれがない」

野球少年

小学は福井市立春山小学校、中学は福井市立明道中学校、高校は福井県立福井商業高校に通った。余談だが、稲井田の子供3人も、小中高とまったく同じ学校に進んでいる。

中学時代は陸上部に所属。高校で野球をやった。陸上は長距離。マラソン（持久走）は得意だった。全校生徒の大会で、中学1年生の時、8位だった。当時は1クラス約50人で13組、1学年で約650人の生徒がいたというから、かなりの健脚といっていい。

陸上部に入ったのは、理由がある。もともと稲井田は、小学3年生の時から野球をやっていた。中学でも当然、野球をやろうと野球部に入ったが、続かなかった。

「気に合わんやつがいた。頭にきて、やめた」

校内マラソン大会で8位になり、たまたま陸上部の顧問の先生の目にとまったのだろう。声をかけられ、1年の時に陸上部に転部した。

高校は福井商業に入って、迷わず野球部。

「やっぱり野球が好きだったんだろうね」

ポジションはライト。打順は2番。足が速くて、器用な選手だったことがわかる。高校球児の夢の舞台・甲子園を目指したが、叶わなかった。だが、稲井田の長男が同じ福井商業で甲子園に出場している。

高校時代は野球一筋だった。ただひたすらグランドで白球を追いかける日々で、勉強などほとんどしなかった。だから、進路のことは何も考えていなかった。ただ、なんとなく大学進学ができればいいなと思っていたくらいだった。

大学は千葉商科大学経営学部経営学科に入学する。ここで経営を学んだかと思いきや、稲井田は「ほとんど麻雀して遊んでいた。あとは何してたんかなあ。高校の時と同じで、勉強はぜんぜん、せんかったしね。だから卒業できるかどうか、危うかったんじゃないかね」と笑う。麻雀に明け暮れた学生生活だったようだ。

「千葉商科大学を選んだのは、授業料が一番安かったから。勉強していないから私学しか行けない。親に迷惑をかけるわけにいかんから、授業料が一番安い大学を探した。それが千葉商科大学やった。おやじは『なんで千葉？　大阪行けばいいのに』と言っていた。もちろん、授業料が安いからなんて言わない。おやじには、ここ（千葉商科大学）が入りやすいから、と言った。年間授業料が当時で30万円程度でね、他はだいたい70〜100万円くらいだったから、これは安い、と。商売したいと思っていたけど、親が大学行けと言うから、一番安いとこ行こうと決めていた。どっちみち、勉強なんかしようと思ってないんやからね」

勉強はしなかったが、大学はなんとか4年間で卒業する。卒業後、福井の実家に戻り、父親がやっていた織物資材関係の家業を手伝った。もともとサラリーマンになる気はなかったから、学生時代に就職活動もしなかった。かといって、学生が起業することは今でこそめずらしくないが、当時はそのような時代ではなかった。実家に戻るしかなかった。

父から学んだこと

大学卒業後の長男が、実家に帰って家業を手伝う。父親は喜んだのではないか。ところが、そうでもなかったらしい。

「父親から家業を継いでくれと言われたことはなかったし、実際、そういう雰囲気はなかったね」

稲井田の中では、次のステップが見つかるまで、という腰掛の意識が強かった。小さい時から近くで見てきて、父親のやっている仕事は儲からないのはわかっていた。家業の手伝いを続け、仕事のノウハウを覚えるうち、父親の仕事とは競合しない別の織物関係の仕事もした。幼いころから父親の背中を見て育ち、大学卒業後、父親と一緒に仕事をする中で、20代の稲井田はごく自然な形でビジネスに必要な基礎知識を学んでいくようになる。

稲井田によると、父親から学んだ最大のものは、ビジネスにはしない方がいいことがあり、それをあらかじめ決めておくことだった。

稲井田は、こう解説する。

「父親は織物資材以外、色々なものに手を広げ、失敗していた。その姿を見ながら、やりたいと思ったことをやると、ビジネスでは失敗するんだということを学んだ。

自分がやりたいことをやるのは、経営とは言わない。経営は、これをやりたいという自分の欲との闘いでね。『やらない経営』ということやね。一番いいのは、やらざるをえない状況になったから、やる。そんなこと言ったら、いつまで経っても何もできないと思うかもしれんが、これこそが『引き寄せ』なんでね。自分の人間力さえ高めておけば、向うの方から色々なビジネスチャンスがやってくる。ビジネスチャンスでないのに、自分のやりたい事をするもんだから、みんなうまくいかない。自分の欲でビジネスはしない。果報は寝て待て、や」

これはグラントの設立経緯と二重写しだ。例えば、「一番いいのは、やらざるをえない状況になったから、やる」。まさに、グラントの設立はそうだった。稲井田は父から教わったことを忠実に実行したことになる。

父親はよく、仕事に関連して、従業員や取引先、友人知人に関する色々な問題を家庭で話題にした。人が良かった父親は、身の回りで何か問題が起きると、後先を顧みず人助けに走ってしまうような癖があった。父親の話を片耳で聞きながら、稲井田はいつも、「そんなこと、やらなければいいのに」「そんな人を相手にしなければいいのに」と思っていたという。

父親のすることには、ビジネスと人助けの区別が曖昧なところがあった。確かに、昔はみんな父親がやるように、互いに助け合って生きてきたのかもしれない。だが、稲井田には、他人のことにそこまで深入りする必要はないのでないかと感じられた。

良い意味で、父親を主に反面教師として、稲井田はビジネスの要諦を学んだといえるだろう。

27歳（1977年）の時、3歳年下の淳子《じゅんこ》と結婚する。お見合いだった。当時のことを聞くと、稲井田は「結婚なんてまったく意識していなかった」という。稲井田は結婚後も、両親と同居している。

「2度の借金」という逆境

29歳（1979年）で正式に織物資材関係の会社を設立した。社名は「株式会社ラオックス」。結婚をし、自分の会社を設立し、これから自分の人生を切り拓いていく準備は整った。だが、30代の稲井田は決して順風ではなかった。

32歳（1982年）の時、4500万円の借金を背負った。織物は手形商売だ。ある社員が手形を乱発した挙句の負債だった。

稲井田は、こう振り返る。

「4500万円と言っても、大卒の初任給が4万円くらいの時。この時、私は人生が終わったと思ったね。業務上横領なので警察に立場上、告訴した。結局、捕まったけど。捕まって、もういいやと思い、告訴を取り下げた」

このまま織物関係の仕事を続けていては、4500万円を返すのは難しい。切羽詰まった中で、始めたのが健康ふとんの訪問販売だった。当時、父親の知り合いが健康ふとんの訪問販売をしていて、たまたまその知り合いが自宅に来たとき、「一緒にやらないか」と声をかけられたのがきっかけだった。織物資材関係も扱うが、健康ふとんも扱うという兼業が続いた。

「磁石の入ったふとんなんだが、これが当時はめずらしく、よく売れた。どぶ板営業で、一軒一軒回る。マンションでは上の階から下の階へ降りていくわけだ。下から行くと、断られ続けると、上に行く気がなくなる。上からだと下に下りないと帰れないから、ついでに一戸一戸回ってみようという気になる。この健康ふとんは10年余り続けたね」

やがて、健康ふとんの売り上げが伸び、4年間で借金を完済。会社の事業内容も、健康ふとんの方に軸足を移していった。会社はそのままで、扱う商品が織物資材から健康ふとんに入れ替わった格好だ。

38歳の時、2回目の試練が稲井田を襲った。1988年、当時はバブル経済。銀行から勧められるままに3億円を借りて、不動産を買った。

「バブル経済の全盛期の36歳から37歳のころやったね。健康ふとんが売れて、金回りが良くなった時期があった。すると、銀行の人が来て、いきなり『稲井田さん、3億円借りてくれ』と言うわけです。3億円借りて、ぼくは何をすればいいんですかって聞いたら、『土地を買って、3年もすれば倍になります』。こんな感じ。土地がどんどん値上がりしていた時代だったから。しかし、バブルは必ずはじけるわね」

結果、バブル崩壊で9000万円の損失となった。

さらに7000万円、連帯保証人で借金を背負った。当事者が夜逃げしたからだ。

合計1億6000万の借金を背負ってしまった。健康ふとんを売って4500万円の借金を返済し、生活にも徐々にゆとりができていたが、生活は一気に貧乏のどん底に落ちた。

連帯保証人には稲井田を含めて3人ついていたが、1人は首吊り自殺。もう1人は逃げた。銀行の支店長に相談に行くと、返ってきた答えは「あなたも逃げなさい」。

しかし、稲井田は子供3人、両親2人がいるので、逃げるわけにいかない。結局、銀行からお金を借りることで、一時返済して窮地を脱したが、借金そのものが減ったわけではない。

この時、さすがにぼくは人を憎んだね。そして、なんであの時、連帯保証人のハンコを押してしまったのかという後悔。憎しみと後悔で、身体の調子がおかしくなった。

忘れもしない、7月31日に『夜逃げした』という電話があって、8月中は1カ月間、ずっと具合が悪くて寝込んでしまった。夜逃げした社長は妻も子供も一緒に逃げて、4000万円の現金を持ち逃げしたと聞いた。9月ごろから考え方を変えて、4000万円あるならなんとか奴も生きていけるだろうし、ぼくも寝込んでばかりはいられない。なんとか生きていかなあかん、と思うようになった」

前職で下着と出会う

四苦八苦の日々を過ごしていた。そんな時だった。1992年、前職の下着販売に出会う。すでに30代は過ぎ、42歳になっていた。

「べつに下着にこだわったわけではなく、とにかく収入が得られる仕事をやろうと思っていた。サラリーマンで月給30万円もらっていても借金は返せない。なんでもやろう、こんな気持ちやね。夜も仕事をしようと思って、何も知らずに警備会社に面接に行ったこともある。そこで日給7000円と聞いて、やらんかった」

下着は補正下着だった。

「この下着がまた売れた。55歳までの13年間で、総額10億円以上稼いだ。月商で1億円を超えた時もある。税金を納めないといけなから、税金を納める。当時は個人情報など関係なかったから、新聞に所得番付で名前が出る。人間は不思議なもので、借金を背負っていた時は、借金を背負っていると言っていないのに、周囲から人が去ってゆく。親戚も友達も近寄ってこなかったのに、所得番付に名前が出たとたん、電話が鳴りっぱなし。稲井田という苗字はめずらしいから、すぐあいつだとわかる。お金の力はすごいなと思ったね」

前職の下着販売は、メーカーを取引先とする代理店方式をとっていた。その会社をS社としておく。

そのため下着販売は、稲井田が経営するラオックスヘルシーが代理店となって行われた。稲井田は自分の会社でS社の代理店を経営したのだった。

その後、稲井田が一代理店として行ったワークショップが評判に評判を呼び、稲井田をちょっとした有名人に押し上げることになる。

その実績がS社に認められ、S社の韓国の会社の福社長を兼任することとなった。

前職でのワークショップは、稲井田本人が独自に構想し、作り上げたものだった。始めたのは43歳の時。ワークショップ開催のきっかけは、稲井田のもとに多くの代理店ができ、1人ずつ応援することができなくなったことだった。要するに、やむをえない理由によって生まれた合理的な戦術が、ワークショップだったのだ。

初めは、各代理店のお客さんを一堂に集めて、稲井田が1時間程話をして、商品に興味をもってもらい、各代理店と契約してもらうのが開催目的だった。当初から50〜60人は集まったという。

商品説明から始まって、内容はすべて稲井田のオリジナル。こうした新規の人たちを対象としたセミナーは、グラントを起ち上げて以降、「グラントフォーラム」と呼ばれるグラントの商品とビジネスを説明するイベントに引き継がれている。

稲井田家の「教育方針」

ところで、家庭人としての稲井田はどのような父親なのか。稲井田は30〜40代を多額の借金返済のために休みなく働き続けていたから、自宅でゆっくりするということはめったになかった。家に帰らないことも珍しいことではなかった。

次女でグラントの社員でもある出蔵美帆は、現在の稲井田の家庭での様子について、こう話す。

「普段は出張でほとんど家に居ませんが、家での様子は仕事をしている時とあんまり変わらないです。セミナーで話している時の方が若干、明るいかな。ただ、私は一緒に仕事をしているので、実家で顔を合わせると、結局は互いに仕事の話をすることが多いかもしれません。事務的な話というよりは、今こういう問題があってどうしたらうまく解決できるか、などの相談話です。その延長で、家での雑談などもします。答えはだいたい、セミナーで話しているような内容で返ってきますね。仕事の父と家庭での父は、ベースは同じです。自宅だからといってだらけたり、口調が変ったりはないですね」

休みは基本的になく、土日に家にいたとしても、多くの代理店は営業していて普通に電話がかかってくる。夜ご飯を一緒に食べている時でも、仕事の電話がかかってくれば、電話を優先する。

「家庭ではリラックスしていると思います。昔から父が外でいろいろなことに気を使っているのを見てきているので、逆に、家庭では気を使わせないよう、わたしたちが楽にさせてあげようと思って接しているかもしれません。家族なので『気を使う』という言い方は変ですが。1回、父が母に、『帰ってきたら、これだけ娘たちが自分に気を使って尽くしてくれる。幸せな父親だわ』と言っていたのを聞いたことがありますね」

幼いころの印象を聞くと、基本的に家にいなかったので特にエピソードは思い浮かばないが、「怒られた記憶はただの一度もないです」。

家庭での教育方針は、「やりたいことをやりなさい」という感じだった。こういうことをしたいと相談すると、稲井田は「そうした方がいい」と答えてくれた。「基本的に、子供が決めたことを、ダメだとか違うとか言われたことは、両親とも1回もありません」。

結婚の時もそうだった。結婚相手の男性を初めて家に連れて来た時も、「美帆が決めたんなら、いいんじゃない。よろしくね」という感じだった。男性のあいさつが終わると、稲井田は「はい、わかりました。基本的にね、美帆が決めたことはね、ぼくは全部正解だと思うからね」と言ったという。このセリフは、子供を根っこから信頼していないと出てくるものではない。

出蔵は最近、びっくりしたことがある。ある代理店の経営者から聞いた話だ。

その経営者は自分の子供のことで悩みがあった。出張が多く、しかも母子家庭。子供とどう接したら良いかわからなくなり、稲井田に悩みを打ち明けたらしい。打ち明ける中で、稲井田の子供たちに触れて、「どうしたら、あんなにいい子たちが育つんですか」と聞いた。稲井田は「あの子たちは、いまでこそ良く育ってくれたけど、いろいろあったんだよ」と、話し始めた。その内容は、3人の子供それぞれが抱える問題についてどう対処したか、思い出せる限りの具体的なエピソードだったという。

その話を聞いて、出蔵は自分のことが気になり、稲井田が何と言ったかを教えてほしいとお願いする。代理店の経営者の口から出たエピソードの内容は、驚愕の一言だった。何より、自分に関するそんな事まで父が知っていたこと自体が、驚きだった。

出蔵によると、そのエピソードは、こうだ。

出蔵はバスケットボールが好きで、高校はバスケの強豪校を選んだ。当然、バスケ部に入部した。だが、強豪校のため、バスケ部にはスポーツ推薦枠で入学してきた生徒たちがいた。出蔵は一般入試組だった。

単純にバスケが好きで、自分でも中学時代、そこそこ上手かなという過信もあって、強豪校に入った。当然、推薦組の人たちの方が技術的に上で、一般組は見下されているような感じがあった。普段の練習でも、推薦組と一般入試組が自然とそれぞれグループを作り、交わることがなかなかった。友達関係もうまくいかない。

「最初、辞めようかどうか悩みましたが、バスケがしたいし、バスケが好きな気持ちは変わらなかった。毎日、つらくて泣いていました。母に対して、『どういたらいいかわからない』、『毎日、学校行くのがつらい』と打ち明けていたんです。でも、その話は父には一切、した記憶がない。

ところが代理店さんから聞いた話では、父はその時の話を詳しく話したそうです。たぶん、辞めたかったら辞めればいいし、続けたかったら続ければいいという言葉だったかもしれません。自分がどん底だった時に、父はちゃんとわたしのことを見ていてくれていたんです」

子供には気づかないところで、稲井田は父親として、きちんと子供の教育をしていたのである。わたしは、この「黙ってただひたすら見守る」という家庭での稲井田の教育方針は、そのままグラントの経営方針に引き継がれているように感じている。

稲井田はセミナーなどでよく、「愛情をもって子供に接すれば、子供は立派に育つ」という趣旨の発言をしている。稲井田はたとえ家庭にいる時間は少なくとも、愛情を持って家族に接していたのだろう。稲井田とグラントの代理店経営者との関係もまた、ほとんど変わらないと考えてよいと思う。

結局、出蔵はバスケ部を辞めずに、半年くらいかけて推薦組の輪の中に入り、一緒にバスケをするようになる。一般入試組の同級生が3人ほどいたが、バスケ部に残ったのは、出蔵ただ1人だった。最終的にはレギュラーにはなれなかったが、高校時代の友達の中で、今でも一番仲が良いのは推薦組の元バスケ部員たちだという。

百合本知子との出会い

S社で下着販売をする中で、稲井田は、のちにグラントを一緒に起ち上げることになる15人のメンバーと出会うことになる。その中に、15人の中心人物で、グラント起ち上げ後も稲井田の側近中の側近であるララコレクション代表の百合本知子もいた。

百合本は、グラントの会員にとっては憧れの存在であり、稲井田にとってはビジネス上の最高のパートナーである。

稲井田と百合本の最初の出会いは、やはりセミナーだった。1995年、稲井田が下着販売を初めて3年目、当時、稲井田は45歳、百合本は29歳だった。

百合本はいう。

「第一印象は、謙虚な方だなというイメージでした。たくさんの方が研修会の講師として前に立つわけですが、ただ、稲井田だけは違うと感じました。話の内容というよりも、人を引き付ける力をお持ちでしたね。人間って、人と接していて、その人がもっている生きざまみたいなものが醸し出されると思います。見た目でもないし、ビビッと来る言葉でもありません。直感だったんでしょうね。」

百合本は稲井田のグループに入る。下着の販売は初めての経験だった。しかし、下着販売を初めてすぐに、「これはやっていけるな」という感触があった。「わたしは物品の販売は向いていないのですが、人の組織づくりは向いていると思いました」。

百合本は稲井田に会う3年前、偶然知り合ったアメリカ人女性に誘われて、米国のフランチャイズフォトスタジオを起業する。26歳だった。そのフォトスタジオの経営で、4600万円の借金があった。

百合本は稲井田のセミナーを聞き、経営哲学をスポンジのように吸収した。借金があったこともあり、話を聞いて「いい話だったな」で終わるわけにはいかない。すぐに行動に移して、やってみると、結果が出た。もちろん、その間には数々の問題に突き当たることもあったが、最後は必ず良い結果となった。

なぜ、良い結果が出るのか。

百合本が稲井田から最初に教えてもらったことは、「仕事というものは問題を解決すること」だったという。どんな問題に突き当たっても、それを解決するのが仕事という捉え方を実践し、どうやったら問題解決できるかを自分で考え、解決してきたのだった。当時の百合本は、稲井田哲学の忠実な実践者であり、また、そうしなければならない百合本自身の理由があったということもできる。

稲井田グループで下着を販売し、同時にスタジオ経営にも稲井田から学んだことを取り入れた結果、百合本は1年目で借金を完済する。普通なら凄いとしか言いようがないが、百合本の感じ方は違っている。

「わたしは初めから1年間で4600万円の利益を出すと決めてスタートしました。稲井田の下で、思ったことはその通りになるということを学んできましたが、わたしの場合は思っただけでなく、決めたわけです。そのために必要な計画を立てて頑張ったから、結果を出すことができた。ですから、結果は驚くものではなく、決めたことがその通りになったということです」

1年目に結果を出した百合本は、2年目以降は「1年目にしてきた通りにしてきただけ」という。1年目の経験で得たことは、決めたことに対する具体的なマネジメントと、自分の直感のバランスをどう組み合わせるかということだった。百合本は直感力が強く、マネジメントした通りに行っても、ダメな時は直感でわかるという。だから、マネジメントと直感を天秤にかけた時、直感を優先する。物事の流れや偶然の作用で、うまくいかないことがかえって逆にいい時期もある。その見極めは、直感に頼るしかない。これも、稲井田の経営哲学の実践といえるだろう。

こうして百合本は、スタジオ経営と同時進行で、稲井田の下で下着販売を10年間続けている。

一方、稲井田は、百合本に最初に会った時の印象を、こう語っている。

「直感やね。人を見抜くのに、理論的なものはないよね。基本的に自分の直感を信じるほかないわね。たくさんの人と一緒に仕事をしていくなかで、やっぱり一番、能力が高かったということやろな」

具体的には、こんな感じだ。

「百合本と話をしていて感じたのは、基本的に欲がない。お金持ちのお嬢さんだからね。仕事が好きでやっているだけで、利益目的で働いているようなところがない。そういう姿勢がぼくと一緒にやるにはちょうど良いと思った。利益目的で動く人と組むと、やっぱりうまくいかないよね。３００人以上のグループを率いて、百合本以外の30代のトップリーダーとも接していて、いっぱいいたけど、結果論で言うと残ったのは百合本だったということやね」

百合本はもともとおとなしい性格で、喋ることも得意でないし、まして人前でとなると緊張して何も話せなくなるタイプだったらしい。事実、前職で初期のころ、セミナーで話していて、話がうまくできず、稲井田に降板させられたこともある。普通であれば、二度と人前に立たせないだろう。百合本の方も、とにかく、人前に出るのが嫌で仕方なかった。百合本は「自分でもかなり無理していたと思う」と振り返る。

しかし、稲井田はそんな百合本を何度もかまわず起用した。後年、百合本が理由を聞くと、「なにかわからんが、光るものがあった」と答えたという。稲井田は「今はできなくても、訓練を繰り返せばできるようになる」と励ました。その言葉を信じて、百合本は4、

5年間、セミナーで詩を読み続けた。詩を読む中で、喋り方や訴え方を学んできたと百合本は思う。

ある偉大なプロジェクトの誕生は、その結果から見れば、さまざまな偶然が重なり、それらの偶然の集積がある瞬間、必然に転化したものにすぎない。後に人々を驚かせるような出来事は、当事者以外から見れば、つねに些細なことから始まっている。おそらく、2人が出会って間もない頃、互いに認め合った瞬間があった。今から振り返れば、まさにその瞬間こそ、グラントが産声を上げた瞬間だったのかもしれない。

55歳で「クビ宣告」

稲井田は下着販売を続けながら、51歳（2001年）で借金1億6000万円を全額返済する。借金がなくなっただけでなく、その後は、土地も買い、家も建てて、ある程度の預金もでき、生活に余裕が生まれようとしていた。

いま振り返れば、この50代前半の数年間は、稲井田にとって、少なくとも社会に出て働き始めて以降、最も落ち着いた時間が流れていた日々だったかもしれない。30代から続いていた強い逆風がようやくおさまって、生活は凪のように穏やかに過ぎてゆく。目の前に広がる海面の景色は、まばゆい太陽の光でキラキラと輝いて見えていたはずである。

だが、そんな至福の時は、長くは続かない。55歳の稲井田に、またしても不遇が襲い掛かる。稲井田自身が「良く言えばリストラ、悪く言えば追放」と表現するように、前職で離職トラブルに巻き込まれ、退社することとなる。

「離職トラブル」と書いたのは、正式には、会社都合の「取引停止」や「契約解除」でもなければ、稲井田側の自己都合による「依願退職」でも、どちらでもないからだ。

稲井田が前職で経営していた代理店と、取引先である本社との間に雇用関係がなかったことは、前に触れた。「リストラ」「追放」などと稲井田がどんなに本社側の一方的な措置であったことを強調しても、書類上は本社側と稲井田との間の双方の同意による単なる契約解消になっているはずだ。当事者の一方にわだかまりを残したという意味で、ありふれた「離職トラブル」の一例にすぎない。以下、「クビ」という表現が妥当するのも、その限りにおいてである。

じつは、予兆はあった。

百合本が稲井田の異変に気付いたのは、２００５年が始まって、すぐのころだった。稲井田は百合本に対して、「つらい」「苦しい」と漏らし始める。百合本は、稲井田は素直で正直な性格だから、心理状態がよく体に現れることを知っていた。熱を出したり、体がフラフラの状態だったりしたことも少なくなかった。それでも休もうとしない稲井田は、フラフラの状態でセミナーに参加し、人前に出続けた。

だから、「クビになった」と聞いた時、一番ほっとしたのは稲井田本人だったのではないかと百合本は思う。百合本は「辞めたい」と稲井田が口にしたことが、その通りになったと思った。前職の会社は女性社長だった。彼女からの有形無形の圧力は強まるばかり。辞めることによってでしか、苦しみから逃れる方法はなかった。

百合本が稲井田から「いま、クビになったよ」と電話をもらったのは、05年の8月中旬だった。その日はたまたま大阪で１００人程度が集まるセミナーの開催中で、電話は午後にかかってきた。

百合本は、こう振り返る。

「辞めたと聞いた時、わたしは稲井田にとっては良かったと思いました。本人にも『良かったですね。わたしもあす退職します』と言いました。わたしをかわいがってくれた女性社長に対しては、（クビという）残念な結論を出されるんだなと思いました」

電話を切った後、百合本は泣いた。泣いたのは、ただ悲しかったからではない。女性社長に対して残念だと思う気持ちと、同時に10年間一緒にいた仲間たちのことを思ったからだった。10年間お世話になった会社なので、愛着がないといえば嘘になる。

この日、大阪のセミナーに参加して、百合本が泣いている様子を見たある幹部の証言がある。

「セミナー開催中、百合本がいきなり床にうずくまって泣き始めたんです。それが気になって、セミナーが終わった後、百合本の自宅に行って、『何かあったのですか』と聞くと、セミナー中に稲井田から連絡があって、『ぼくは会社にいれない。辞めます』という内容だったと。『どうされるんですか』と百合本に聞くと、『稲井田のいない会社にいる意味がない。稲井田の経営学を学んで今の私がある。私も辞めます』と。わたしは『そんなのは困ります。だったら私も辞めます』と言いました」

のちに15人のメンバーが一斉に辞表を提出するという異例の行動を起こすこととなる。

この日、その流れはほぼ決まったといってよかった。

稲井田が本社に呼ばれた後、百合本にも呼び出しがあった。

稲井田に本社に呼ばれたことを話すと、稲井田は「ここはできるだけ上手に振る舞ってくれ」という内容のお願いをされた。今後について稲井田は「考えたい」とだけ言った。

離職後に考えたこと

クビにされた、当日のことを、稲井田はこう振り返る。

「突然、本社に呼ばれて、（前職の専務から）『なんで呼ばれたかわかりますか』と言われました。ぼくはわかりませんから、『なんでしょうか』と言うと、『辞めていただきたい』。一通りの説明があったと記憶していますが、お互いの信頼関係が崩れたとわかった以上、ぼくは『わかりました』と言って退席しました」

「その時思ったのは、第2の人生を歩むためには、ここで会社とトラブルを起こすよりも、きれいに離脱した方がいいということ。まずは今までのお礼を言おうと、『おかげさまで、素晴らしい時間を一緒に過ごさせていただきました。感謝しています』と言った。

専務は『稲井田さん、悪いけども、6カ月間はじっとしていてくれないか』と言うんです。『なんでですか』と聞くと、『6カ月もすれば、みんな稲井田さんのことを忘れるから』

と言うんです。この人は何を言っているのかと思いましたね。よし、独立してやろうと思いました」

この時点ですでに、会社からの離脱が決まった以上、独立しようという思いが稲井田の念頭には浮かんでいた。

稲井田は、福井に戻って、これまでお世話になった人たちに電話を入れた。

「これまでの感謝と、しばらくはゆっくり休みますということやね。そうしたら、みんなが『辞めます』と言う。君たちは今の仕事を頑張ってくれ。ぼくは55歳になったし、20年間、借金返済で頑張ってきたから、ゆっくりしたいんだよと。だから、待ってほしいと言ったんや」

この時の稲井田の感覚では、年内はゆっくり休む。何か始めるにしても、翌年の春くらいから。その時になって、自分の方からまた何かお願いするかもしれないが、それまではとにかく今の仕事を頑張って、という気持ちだった。

「なんで『待ってほしい』と言ったかというと、ここですぐ新しい会社をスタートさせて、多額の借金を背負ったら、もう生きてはいけないと思ったからなんや。

もう一つは、気力と体力。何か事業を始めたら、10年間は先頭に立って頑張らないといけない。創業期は予期しないトラブルが発生する。気力と体力がないと、成功しない。だから、『待ってほしい』ということやね。1カ月間、考えた。彼女たちは仕事を辞めて、収入がない人もいる。中には、家財道具を売ってやりくりしながら、ぼくを待っているという情報も耳に入る。そりゃもう、どうしたらいいもんかと焦るわけや」

この間のひと月、稲井田は何をして過ごしていたのか。

稲井田は読書に夢中になっていた。色々な本を読んだが、いわゆるビジネス書などの実用書や経営論などはほとんど読んでいない。多くを占めたのは、国内外の著名な経営者の自伝、評伝の類だ。稲井田の関心は、歴史に足跡を残した偉人たちがどういう時代にどういう生き方をしたかという1点にあった。おそらく、自分の背中を押してくれる先達の言葉を求めていたのではなかったか。

中でも、マクドナルド創業者のレイ・クロックやケンタッキーフライドチキン創業者のカーネル・サンダース、そして米国大手化粧品会社メアリー・ケイ・コスメティックスを創業した世界的女性起業家メアリー・ケイ・アッシュ（メアリー・キャスリン・ワーグナー）の生き方には深く共感した。

「自分自身で納得して決意を固めてから発表しないとダメだと思って、色々な本を読んだ。マクドナルド創業者のレイ・クロックは52歳の時に会社を作っている。ケンタッキーフライドチキン創業者のカーネル・サンダースは62歳で始めている。彼らに共通しているのは、それ以前の事業は1回も成功していないのね。だから、彼らの本を読んでいると、だんだん勇気づけられてくる。そういえば、ぼくもまだ事業で1回も成功していない。そう考えたとき、人生の目標ができた。自分の人生に何か生きた足跡を残したいという目標やね。ようし、10年間は死ぬ気になって頑張ろうと思ったね」

2度の多額の借金と55歳でのリストラを経験し、次々と新しいことを始めてきた稲井田だが、はじめから自信があったわけではない。むしろ、つねに不安を抱えていた。しかし、そんな中で稲井田は不安を打ち消す方法を自然と身に着けている。

稲井田によれば、不安を打ち消すには、①シミュレーションをしない（希望的観測をしない）②完璧を目指さない、③引き際を決めておく――の3つが肝心だという。

「人間は考えれば考えるほど、不安が増してきて、辞めようという決断に傾く。どんな人でも初めから完璧な仕事をできる人はいない。初めはみんな素人。ぼくだって、健康ふとんや下着の販売を始めた時は、素人だった。やりながら、だんだん上手になっていっただけ。続けられたのは完璧を目指さなかったから。そして、引き際は、撤退する条件を決めておくということ。不安を打ち消すためにも、あらかじめ引き際を決めておくことは大事やね。ずるずるいって、傷が深くなってからでは遅いということやね」

そのころ、地元福井や業界関係者の間では名の知られた稲井田が辞めたという情報が、噂も含めて各方面に広がった。大手を含む複数の業界トップクラスの会社からオファーの打診があった。しかし、稲井田の気持ちは揺るがなかった。

「まったくその気はなかったね。なぜかといえば、辞表を出した15人がぼくに何か起ち上げてくれと待っているんだもん。それなのに、ぼくが誘われた会社に行ったら、彼女たちはどう思う？　彼女たちを裏切るわけにはいかんでしょ」

名前を聞けば、男性も含めておそらく誰もが知る女性下着の大手メーカーからも誘いがあったという。その大手メーカーは百貨店と量販店は順調だが、訪問販売が弱いから、やってほしいとのことだった。稲井田はこう答えた。

「おたくの会社は大きい。私が入っても歯車の1つにしかならない。自由が利かないからお断りします」

幼いころから自営業を営む父親の背中を見て、サラリーマンになるつもりがなかった稲井田には、会社の大きさなど、関係なかったのである。

「ぼくは、君たちと人生を共にする」

一方、百合本は迷うことなく準備を進めていた。

「稲井田は本音では休みたかったと思います。だけど、『稲井田と一緒に辞める』と言っている仲間たちがいる以上、それに何らかの形で応えないわけにいかない。その仲間たちに収入を取らせて食べさせなければならない。そのためには会社をつくらないといけないわけです。稲井田も、そんなことはわかっていたと思います」

「クビ宣告」以後、稲井田と百合本は、互いに連絡を取り合った。数回、大阪在住の百合本に、福井から稲井田が会いに来た。

「どんな会社にするか、どんな企業理念にするか、どんな商品にするか、どんなプログラムにするかを2人で話し合っていました。その間、確かに稲井田は悩んでいたかもしれません。しかし、わたしは『やる』と決めていました」

最初は漠然としたものが、徐々に具体的なものになっていった。商品の企画・開発。商品を作ってくれる工場。パンフレットなどの書類・資料の作成。流通の仕組み。会社の事務所。机やパソコンなど備品の設備投資。そして、本社の社員……。

2人の役割分担が明確になる。百合本は商品（下着）の企画・開発、一方の稲井田は商品企画以外のすべて、財務・経理や法規関係など起業に向けた事務手続き全般、ビジネスプログラム関係など。意見交換しながら起業に向けた構想を練り上げていった。程なく、9月から始まった打ち合わせは、12月1日がスタート目標になった。

稲井田はいう。

「物事がうまくいく時っていうのは、奇跡的なことがいっぱい起きるんだよね。短期間の準備で会社がスタートできたこと自体、1つの奇跡だとぼくは思う。スタートでごたごたした時は、やらない方がいいというのがぼくが体験から学んだことだった。4次元の世界は目に見えない色々なエネルギーがあって、スタートでつまずいた時は、やめといた方がいいという1つの暗示かもしれないからね。でも、グラントを起ち上げる時は違った。それは、多くの人の応援と協力があったから。スタートでうまくいけば、必ずカタチになってゆくもんやね」

例えば、工場。以前からの付き合いがあった同じ福井の下着メーカー、エル・ローズの代表に相談すると、「社運を賭けてやります」。稲井田は「社運を賭けてもらわなくていい。カネを賭けてほしい」とお願いした。「(額は)いくらや」、「2000万」。その後、ポーンと2000万円が振り込まれた。これがグラント設立の際の資本金の一部となる。エル・ローズの前川長慶代表は、健康ふとんのころから稲井田のことを知っていた。稲井田は「親しい知り合いではなかった」。

事務所も探した。一戸建て3階の小さなビル。最初は家賃月25万円と言われたが、20万円に値切って借りることができた。

社員募集は、知り合いを頼った。2人に声をかけた。2人とも仕事をしているので「給料はいくらもらっているの」と聞くと、だいたい25万円という。「うちは12万円しか出せないけど」。と言うと、1人は「家のローンがあるし、ちょっと主人に相談してみます」。

次の日、電話があり、「主人に相談したら、稲井田さんがそこまで言うなら協力してやってくれと言われました」。採用が決まった。

もう1人は、声をかけたら、一発返事で「わかりました」。「給料12万円でいいか」と言うと、「いいです」。採用した。

あとは、男性1人に声をかけた。給料の話をしようとすると、男性は「その話はしなくていいです。わたしは給料で動く人間じゃない。社長が決めてくれればいいです」と言った。これで3人が決まった。稲井田を含め、社員4人でのスタート準備が整った。

後に、4人では不足し、最初の2人に「誰かいないか」と聞いてみると、1人が「義理の姉がいます」、「誘ってくれ」。これで4人。そして、稲井田の長女・祥代に「悪いけども会社入ってくれ」と頼んで、社員は6人に増えた。

10月半ば、百合本は一斉に15人のメンバーに連絡を入れた。

「方向性が決まった。福井に集合して」

10月下旬ごろ、稲井田と百合本のもとに、創業メンバーとなる15人が集まった。

稲井田は「よう来たな。よう来たな。よう来たな」と15人を迎えた。

「ぼくは、君たちとこれからの人生を共にすることを決断しました」

グラント・イーワンズ、誕生の瞬間だった。

「やったーっていう感じで、うれしかったですね。みんな、泣いていました。稲井田はオレについてこいとは言いません。むしろ、わたしたちの方が、絶対、稲井田についていくと思っていましたからね。稲井田が決断してくれたおかげで、わたしたちの願いが実現する。それはもう、やったーと思いましたね」

15人のひとりとして立ち会った幹部は、こう振り返る。

稲井田は決意を語った後、15人を前に、会社名の「グラント・イーワンズ」を発表、その社名に込めた意味なども語ったという。その場は、グラントの実質的な設立総会、いわば稲井田と15人の女性たちの第2の人生の出陣式と化したのだった。

コラム
「グラント誕生秘話」

グラントは２００５年、わずか2カ月の準備期間でスピード設立された。すべてがうまく動いていたかに見えたが、当時、稲井田とその周辺では、さまざまな「偶然」や「事件」、「奇跡」が起きていた。

デザイナー・百合本知子

グラント設立の際、商品の企画・開発は、稲井田の側近中の側近である百合本知子を筆頭に行われた。しかし、百合本は下着販売の経験はあったが、商品をゼロから企画したことはない。

もともと百合本はデザイナーではない。ただ、まったくデザインの経験がないわけでもなかった。デザイナーに憧れ、過去にデザインの勉強をしたこともある。一通り、パターン（型紙）を作ったり、服を縫製したりもした。ファッションが好きで、特に下着はコレクターと言っても良いほどで、熱心に集めていた。ＯＬの時などは、服を買うよりも、海外の下着を買う方が多かった。だから、下着に関しては、普通の女性と比べれば、知識もセンスも豊富だった。そのうえ、前職で10年間、下着販売にかかわる中で、「こんな下着があったらいいのに」と思うことがあった。「こうすればもっと売れるのに」と自分なりに感じていた思いをずっと胸の内に秘めていた。

ここである偶然が起きる。

フランスの首都パリで下着の大規模なイベントがあるらしいという情報が入った。稲井田は再び、「悪いけど、行ってくれ」。フランスへ飛んだ。数々のメーカーが独自開発したさまざまな商品を前に、百合本は圧倒された。下着のイベントだけでなく、ファッションショーなども見て帰国した。

「パリは違いましたね。感動しました。一番は、ファッションショーです。初めて見たので感動して、『どうしても、これを日本でやりたい』と思いました。グラントで毎年ファッションショーをやっているのは、その時の影響です」

帰国した百合本は決めていた。パリで得た結論は、「日本にない下着をつくる」だった。この経験が原点となって生まれたのが、いまやグラントの看板商品となっている「ララ・シリーズ」だ。

デザイナーに憧れ、下着コレクターでもあったもともとの嗜好と、前職での10年間の下着販売の経験、そして、パリで見た下着ファッションショーの感動。百合本の中で、この

3つが積み重なって、あのカラフルでファッション性の高いグラントの商品が次々に生まれることになる。

「それまで日本では、下着は服に隠れていて見えないので、目立たないという発想がありました。色も、ベージュでなければ、薄いピンクや薄いブルーのイメージ。見せるものではなく、特に補正下着はそういうイメージが強かったと思います。しかし、パリでショーを見た時に、このまま外を出歩いてもいいような下着があってもいいんじゃないかと思ったんです。下着は隠すものではなく、ファッションの一部なんだと。それが、グラントの商品開発の大きなコンセプトとなっています。さすがに今はなくなりましたが、グラント設立当時はわたしも下着を見せて街を歩いていましたね（笑）」

普通、女性どうしが他人の下着姿を見る機会は、スーパー銭湯やプール、川遊び、海水浴での着替えの瞬間がほとんどだろう。百合本は、そうした場面を念頭に下着を企画した。誰かが偶然、パッと服を脱いで下着が見えた時、「えっ？　それ、何？」と注目を浴びる下着を目指した。

実際、グラントの利用者からは、「お風呂屋さんで下着を見た人から声をかけられた」「シースルーで歩いていたら下着のことを聞かれた」という声も届く。そこで初めてグラントの商品を知り、販売につながったケースも少なくないという。

百合本は、製造元のエル・ローズの担当者と打ち合わせを重ねた。その際、一番大事なことは、レースと生地のバランスだった。そのバランスの妙が、見栄えに大きく影響してくる。

ところがそのバランスがなかなか思うように整わない。打ち合わせを重ねても、実際に仕上がったサンプルを見ては、違うと思うことが多かった。

「例えば、リボンの長さ。着やすさという合理性を求めるなら、リボンは長すぎない方がいい。着やすさ優先でリボンを短く切ってしまうメーカーもあるんでしょうが、わたしは違う。下着はファッションの一部なので、あえて長くしたかった。デザインは百合本に一任すると稲井田が言ってくれていたから、最後まで頑張ることができました」

もともと製造元のエル・ローズには、社内に専属のデザイナーがいた。しかし、グラントの商品企画の全過程で、エル・ローズ側のデザイナーはまったく関与していない。最初、エル・ローズ側はベテランデザイナーを伴走させることを助言したようだ。もちろん、百合本の補助役として、好意的な提案だ。しかし、稲井田はこの申し出を断っている。

「われわれでちゃんとデザインして作りますから、と。ＯＥＭだから、自分たちでやるのが当然。エル・ローズの人がデザインしたら、エル・ローズの商品になってしまう。グラントはあくまでもメーカーとしてスタートしているからね。『わたしたちがデザインしたものを、あなた方の工場で作ってください、これはウチの商品ですから』ということや」

稲井田はこう説明する。

今までにあるような商品を作っていたら、イノベーションは起きない。デザイナーにはデザイナーそれぞれの固定概念があって、いくら優秀なデザイナーでも、その人がデザインすれば、だいたい似たような商品ができてしまう。グラントの創業メンバーの合言葉は、「日本にないものを作ろう」「今までにないものを作ろう」。それが商品開発のコンセプトだから、商品デザインの全権は百合本に一任するしか選択肢はなかった。

百合本は、デザインを意識するあまり、生地の薄さを追求し過ぎて、レースだけを着るような下着を構想したこともあった。しかし、薄さを追求すればするほど、一方で破れやすさが増してくる。薄さと生地の強度の両立は難しい。そこは裏生地を付けるなどして切り抜けるほかなかった。自分の本当に作りたいデザインを追求はするが、製品の故障リスクや販売面を考慮しながら、ギリギリの妥協点を見出していった。

こうして、数々の商品が生まれていった。

商品欠品時に記録的大雪

プロのデザイナーを入れず、独自にデザインしたグラントの商品ラインナップが決まったのは05年10月末。そこからサンプルを仕上げ、実物を確認して、修正すべきことは修正をしなければならない。11月上旬にサンプルが上がり、すぐに修正をかける。グランドオープンの12月1日が迫っていた。

強行スケジュールが災いして、商品説明に使うパンフレットが完成しない。焦った稲井田は「しゃあない」。やむをえぬ緊急措置として、扱う商品だけ写真撮影し、パンフレットに代用することにした。

12月1日。オープン当日から注文が殺到、いきなり1億円の売り上げが出ていた。「うまくいくときはそんなもんですわ。新規事業はスタートダッシュ。スタートでバーンといったら、うまくいく」と稲井田。だが、商品生産が追い付かない。12月に注文が入った商品は、12月中には納品するのがビジネスルールだ。

現場は当然のように混乱した。

その時の様子を知るある代理店幹部はこう振り返る。

「5000万円の目標にしていたら1億円も売れた。当然、商品がない。本社からの連絡は『欠品』、『欠品』です。うそでしょう、と思うけど、どうにもならない。売れすぎてありません、という理由はお客さんに通用しません。仕方がないから、すみませんって謝って、キャンセルしてくださいと。商品が出来上がってきてからまた注文してくださいと、お願いしたら『キャンセルしたら、また延びるでしょう』と言うんです。

はい、としか言えませんよね。そしたら、『じゃあ、待ちます』とおっしゃるんです。商品が来ない間は、1件1件回りました。『もう少し待ってくださいね』って。結局、わたしのお客さんではキャンセルが1件も出なかった。キャンセルが出ると稲井田が悲しむと思ったし、ここは絶対に耐えるんだと思いながら必死でやっていましたね」

商品がない。稲井田は、追い詰められていた。だが、奇跡が起きる。

たまたまその年、北陸地方で12月半ばから断続的に雪が降り、20日ごろから大雪となった。トラックや車が雪で立ち往生し、まったく動かない。記録的な大雪となることが予想された。

当時の地元新聞は、こう伝えている。

「県内に大雪警報、大野92センチ」（12月13日付）
本県地方は十三日、奥越、嶺北を中心に未明から断続的に雪が降り、積雪は奥越山間部で一メートルを超え、福井市でも午後七時までに二十五センチに達した。福井地方気象台によると、十二月の積雪量としては過去五年間で最も多い。同気象台は同日午後十時五十四分、二〇〇四年一月以来の大雪警報を嶺北南部と嶺南東部に発令、十四日も引き続き注意を呼び掛けている。

稲井田は、申し訳ないと感じながらも、大雪による配送不能を理由にして、その難局を乗り切った。これは、今となっては時効だろう。

稲井田はこう話す。

「なにかの運やった。雪を降らそうと思ったとしても、人間の力ではどうにもならんからね。しかも、流通がストップするほどの大雪や。天気が自分たちを助けてくれたんだわね。

グラントは気象をも味方につけたんや」

初めてのコミッション

グラントの正式発足は12月1日。初めてとなる報酬は、翌月支払いだ。だが、稲井田は「みんなに収入なしで正月を迎えさせるわけにはいかない」と年内支払いを提案する。「いいです」「大丈夫です」とみんなが辞退したが、「そういうわけにはいかない」と稲井田はゆずらなかった。結局、20日で締めて、29日に送金があったという。

この時、本社では、こんなことが起きていた。

稲井田の長女の石倉祥代。12月末の報酬振り込みの時は、石倉がほぼ徹夜で給与計算したものを、次女の出蔵美帆が土日でも空いているコンビニのATMに行って、一人ひとりの分を口座に振り込むため、ひたすらATMの画面に打ち込む作業を繰り返した。銀行窓口は閉まっていて、年内に振り込むためには、土日のネットバンキングに頼るしかなかった。

出蔵が語る。

「これを全部振り込まなきゃいけないんだと思って、必死で打ち込みました。100人以上の分の銀行、支店名、名前、口座番号などを指でひとつひとつ押し続ける。ATMは貸し切り状態ですね。誰か使う人が来たと思ったら、『どうぞ』と1回譲って、また打ち込む。それはもう、指が腱鞘炎になるんじゃないかと思うくらい、ハードワークでした」

報酬を振り込むだけでなく、報酬の明細を発送しないといけない。出蔵は、明細を封筒に詰めて、深夜でも開いている夜間郵便局に母と2人で行った。台車で封筒の束を運んだ。不思議なことに、「なんでこんなことまでして」という苦しい思いはまったく起きず、自分も含めてみんなが一心不乱でやっていた。

本社ではまさに、「家族ぐるみ」で稲井田を必死に支える日々が続いていたのだ。

サイズ交換の返品が相次ぐ

年明け。正月休み中も、道路の雪で流通は止まったままだった。その期間、工場は正月休みをほぼ返上し、商品を生産し続けた。正月休みが明け、新年の業務が本格的に始まったころ商品配送が始まった。

稲井田の長女・石倉はほとんど自宅に帰れなかった。1億円分の商品の1つ1つの伝票を、1人でひたすらデータ入力した。代わりの人はいない。スタートして1カ月の会社が社員募集してもなかなか集まらないし、当時、パソコンスキルのある優秀な人材は貴重で、安い給料では来てくれないことはわかっていた。

1月に商品の出荷が始まった。

だが、ここでまた難題が発生する。商品パンフレットの完成が間に合わず、写真見本だけで売っていたため、「サイズが合わない。どうすればいいか」という問い合わせが殺到したのだ。決して安くはない下着である。当然、合ったサイズに交換してほしいと思うのはごく自然の感情だろう。稲井田は、社員から「どうしましょうか」と決断を迫られた。

稲井田は考えた。ここでサイズ交換をすれば、本社が返品商品の山になることは目に見えていた。返品された商品は、売り物にはならない。しかし一方、サイズ交換は受けないと、グラントの信用を失うことになる。出した結論は、「すべての返品に応じる」だった。

案の定、返品が毎日のように本社に押し寄せた。その処理作業の手間も、否応なしに社員にのしかかった。社員は、新商品の処理と、サイズ交換の作業を同時にこなさなければならない。

この時の現場の様子を前出のある代理店幹部が語る。

「商品が届くと、サイズが合わないケースが相次ぐ。稲井田は、『サイズ交換はぜんぶ受けなさい。どんな理由があろうが、お客さんに何言われようが、返品交換はぜんぶ受けなさい』と。あまりにも数が多かったので、正直、この会社、潰れるんじゃないかと思いました」

間もなく、「(グラントは)粗悪品を扱っている」、「稲井田が病気で倒れた」、などの根拠のない噂も飛び交った。そんな時でも、稲井田は現場に対して、「創業期とはそういうもんや。どんなことがあても、真実は一つ。絶対、大丈夫だから」と言い続けていたという。

しかし、本音は違っていた。

「もう、だめかもしれん」

狭い事務所に返品が次々に山積みされてゆく光景を見ながら、稲井田は一瞬、そう思ったという。そして、ふと考えた。

「なぜ、こんなにもサイズ交換が大量発生するのだろう」

答えは明らかだった。写真の表示サイズだけで購入し、実際の商品を試着していないからだ。

そう考えると、ひとつのアイディアが浮かんだ。返品された商品を、試着品として利用できないか。すぐに、返品された商品を試着用のサンプルセットに換えてみた。それを、月3万円で貸し出した。

このアイディアは軌道に乗った。以来、サイズ交換をする必要がなくなった。

返品の山は、今となってはレンタル料としての収益を生み出す貴重な商品に姿を変えている。しかも、現場の代理店にとっても、試着品をわざわざ買い揃える必要がなくなり、一石二鳥。災い転じて福となす、とはまさにこのことだろう。

第5章

福井の工場を訪ねてみた

「社運ではなく、カネを賭けて欲しい」

グラントが設立から10年で売上100億円を達成した原動力のひとつが、メイド・イン・ジャパンの高品質な「商品」にある。

グラントの商品開発コンセプトの基本姿勢は、「今の時代のありとあらゆる良いものを集め、取り入れた最高の商品をつくる」。それを、わかりやすい合言葉として表現すれば、「ないものは自分たちでつくろう」「今までにない商品をつくろう」となる。わたしの今回の取材テーマは、グラントの商品が実際にそうした特徴を備えた商品なのか、製造現場から検証することだ。

グラントの株主構成と資本金を再確認してみよう。株主構成は、稲井田が50%、ラオックスヘルシーが30%、エル・ローズが20%の比率。資本金は、稲井田と稲井田が代表を務めるラオックスヘルシーで5000万円、エル・ローズの2000万円で計7000万円となっている。

「エル・ローズ」は1979年、福井市で創業された。代表者は前川長慶氏。主にインナーを中心とした繊維製品の企画製造販売事業を展開してきた。

2005年に健康食品事業へ参入した後、スポーツクラブ・カルチャーセンターの運営、シニアサービス事業などを次々に展開し、いまや福井県内でも成長著しい一大グループにまで発展している。グループ理念は「美と健康」。

稲井田が2005年秋、グラントの立ち上げをエル・ローズ社長に相談した際、こんな会話があった。

「社運を賭けてやります」（エル・ローズ社長）

「社運は賭けてもらわなくていい。カネを賭けてほしい（笑）」（稲井田）

こうしてエル・ローズが資本金2000万円を負担することになるわけだが、この経緯はグラント設立時のエピソードの1つとして、今も語り継がれている。

エル・ローズは、グラントの主力商品の製造を担っている会社である。同社のインテイメイトアパレル事業部はグループの中核部門で、自社工場をもち、企画、開発、製造、物流、アフターフォローまでを社内一貫体制で行い、オリジナル商品の開発からOEM事業まで展開する。

わたしはさっそく、グラントの社員の案内で、エル・ローズ本社に向かった。

グラント製品ができるまで　メイド・イン・ジャパンの強み

エル・ローズで対応していただいたのは、インティメイトアパレル事業部の田中信吾部長と、同事業部の北川小百里営業課係長の2人である。

田中信吾部長は「生地を機械で切る以外はすべて手作りです」と強調する。「特にグラントさんの商品は百貨店や量販店で売られているような商品と比べて、工程数が2倍程度あり、それだけ手間がかかるということになります」。

下着はサイズ展開が多く、色数が多い。それだけの下着をOEMとして自社で在庫をもって受注するとなると、それ相当の資金が必要となる。

グラントの商品は、最初から難易度の高いものだったという。

「もともと稲井田社長が前職の時に下着を扱う仕事をされていて、独立された時に、今までにない補正下着をやりたいというオファーをいただき、我々の方でやらせていただいています」　田中部長はこう言いながら、当時を振り返った。

2005年9月。稲井田と百合本、ほか数人の設立メンバーが初めてエル・ローズ本社を訪ねた。稲井田は「12月に商品を発売したいんや」と言った。3カ月後だ。

「通常であれば、企画から換算すると、だいたい1年ぐらいは時間をかけます。早くても半年。ですが、『3カ月で何とかしてくれ』という話でした。うちのトップも『やるんや』ということで、全社挙げて対応させてもらいました。ほとんど毎日、真夜中まで大阪と福井で打ち合わせを行いました。突貫工事でした」

3カ月でなんとか完成させることができたのには、いくつかの偶然が重なっている。もともとエル・ローズは海外からサンプルとしてベースになる見本を仕入れ、いくつかの見本を組み合わせながら、他社の商品を企画開発できるという強みがあった。

グラントの場合も、百合本がデザインの全権を担ったとはいえ、そうしたエル・ローズが創業以来蓄積してきた下地部分が有効に活用された。

「補正下着としての機能性と見た目（ファッション性）のほかに、素材にかなりこだわった製品となっています。生地に高品質な素材を使い、レースも使われているのはレリバーレースと呼ばれる最高級の素材です。グラントさんの『今までにない補正下着をつくる』という要望に沿うために、デザインへのこだわりと素材へのこだわりを融合させて完成させたものです」（田中部長）

グラントの素材へのこだわりは、「APファイバー」と「光電子」という高性能な素材を惜しみなく使用したことにも表れている。

機能性は維持したまま、素材は最先端技術を利用した「APファイバー」と、遠赤放射繊維「光電子」を使用、デザインは百合本が納得いくまで徹底的にすり合わせた。使われた素材はもともとエル・ローズが以前から使用していたものだが、素材に使われる光電子とAPファイバーという2つの特徴は、グラントの主力商品の最大の売りとなっている。

高品質の素材を惜しみなく使用することによって、単なる補正下着としての機能を超えた新たな別次元の機能性を付加したとも言える。

この新たな別次元の機能性が、ユーザーのフィッティング感覚、着心地の微妙な差に結びついているのかもしれない。事実、グラントの商品の愛用者たちは揃ってその違いを口にする。グラントの商品には体型補正という機能以上のものがあり、それがフィッティング面での微妙な着心地の良さを生んでいるのであろう。

高品質の素材を使った商品になると、当然、値段は上がる。しかし、稲井田はエル・ローズ側に対し、「値段はかまわない。とりあえずいいものを作りたい」とはっきり言ったという。

グラントの商品はデザイン性だけでなく、素材やサイズ、色にこだわるため、製品自体の生産工程数も多い。このため原価が他社製品に比べて1・5倍程度は割高になっているという。工程数が多いため、縫製の熟練した技術が必要で、海外ではなかなか思うような生産ができない。単純な下着はいまや海外生産が常識だが、技術力を求める下着は日本でしか生産できないのが実情なのだ。

ダサかった補正下着

以前の補正下着ははっきり言ってダサかったようだ。機能性だけを追求していて、色も黒かベージュで見た目もファッション的ではなかったらしい。一方、グラントの商品コンセプトは斬新だった。

「グラントの商品は機能性にファッション性をプラスして、色やサイズの豊富さだけでなく、生地とレースの色使いやカッティングにもファッション性を求めた製品になっています。当初から、モデルさんを使ったファッションショーができる華やかなイメージを前面に打ち出し、今までの商品とは違うんだという販売方法をされていました。普通は、おそらく女性の立場からすると、補正下着は見せたくないと思うのですが、発想がまったく違っていました」

補正下着は、当然ながら機能は体型の補正だから、できることなら補正下着を身に着けていることを隠したい気持ちが働く。グラントの商品は、いわばマイナスに働いている着用者の心理を、見せても恥ずかしくない、あるいはもっと積極的に見せたいというプラスレベルに引き上げることを意味した。

グラント設立当時を知るインティメイトアパレル事業部の北川小百里営業課係長。女性の立場をこう代弁する。

「女性の本音としては、補正下着を身に着けていることを隠したい。隠したいんですが、それを隠さなくていいようなビジュアルにしたい。『私、これ着てるよ』と人に言えるような商品。普通の下着と区別がつかないデザイン性をもった商品をつくりたいということだと思います。

補正下着は、洋服を着るための土台、ベースづくりという基本的な役割がずっとありました。着こなしのための道具扱いであり、ファッション性などは求められてこなかった。そこにランジェリーの要素を取り込むことで、華やかなデザインに仕上がったということだと思います」

では、これまでなぜファッション性をもった補正下着がなかったか。田中部長は「やらないと言うよりは、やれなかったのではないか」と分析する。

補正下着はいざ商品化するとなると、ベーシックに走る傾向がある。体型を整えるという目的に合わせて、デザイン的にもフォルム的にも分厚くてきつい感じにならざるをえなかった。補正下着としての機能性を維持しつつ、ファッション性を高めたものを作るとなると、微妙なパターン（型紙）のラインであったり、レースと生地の配置であったりをきめ細かく決めていかなければならなくなる。

機能性とファッション性を兼ね備えたグラントの補正下着は、グラントの発想力と販売力と、エル・ローズの技術力やノウハウがうまくかみ合って完成した。下着業界ではこれまでになかった画期的な製品となったのだ。

海外生産にもかかわらず、良質で格安な衣料品を製造・販売し、業績を伸ばしている国内メーカーは存在する。それにもかかわらず、グラントが「メイド・イン・ジャパン」にこだわる理由は、技術的なものだけなのだろうか。

グラントの補正下着は、製品そのものの価格設定が、決して安くはない。ということは、その価格に見合った質の高い商品かどうかが重要になってくる。

ファッショナブルなデザインの補正下着（自社開催のファッションショーにて）

田中部長は「確かに、非常にいいお値段だとは思います。しかし、お客様がそのお値段に相応する価値を認めた上でお金を出して買い、商品に十分満足しているのであれば、その金額はそのお客様にとって高くはない値段になるわけです」。

一般的には、これだけの予算でこれだけの商品をつくってほしい、というのがビジネスの基本だろう。それを、「値段はいいから良いものを作ってくれ」という商談は、ビジネスの常識からは外れている。一方、技術者としてはこれほどやりがいのある話はない。

田中部長に、グラントとの打ち合わせの段階で、印象に残ったことはないかと聞いてみた。田中部長は、12月までに間に合わせるのは相当厳しいのではないかという考えが何度も頭をよぎっていた。

そんななか、こんな印象深いシーンがあった。

「企画段階でサンプルをフィッティングするんですが、当時、稲井田社長のグループの何人かの女性が来ていらして、実際にフィッティングするわけです。普通はデザイナーが部屋に入って一緒にフィッティング感などの出来具合をみるわけですが、その時は私も見せられました。ちょっと見てください、と部屋の中に呼び入れられて。普通ならありえないことです。いま考えれば、その時は、どこか異様な雰囲気があったのかもしれません」

最初に商品化されたのは、「ニッパービスチェ」の3色。「ハイウエストガードル」の3色。「レギュラーガードル」の3色。「Tバックボディスーツ」の3色。4アイテム×3色＝12商品だった。1アイテム3色の商品を、サイズごとに揃える。そこからさらにショーツやブラジャー、スパッツなどを追加し続け、立ち上げから半年ほどで現在のラインナップにほぼ到達する。ショーツに到っては、全12色だ。

北川係長はいう。

「女性特有の感覚かもしれませんが、自分のボディラインを完璧だと思っている女性はほとんどいません。しかも、誰ひとりとして同じ体型はない。その悩みを解決する道具として、サイズと色が豊富なグラントの商品は、うまくお客様に入り込んでいけたのだろうと思います」

サイズや色の豊富さは、部品数の多さをみても理解できる。例えば、ブラジャーは総計60パーツ程。通常は40パーツ程で、20パーツの差がある。どれほど多い数かは、例えばアウターのTシャツでは2、3パーツ程度と比べれば、一目瞭然だ。60パーツの製品だと、工場での生産過程は100工程に上るという。

もともと女性下着は男性下着に比べてサイズが多い。グラントの補正下着は、サイズの多い女性下着に、さらに細かいサイズのラインナップを揃えている。

この点について、稲井田はこう説明する。

「サイズの豊富さは、譲れない一線やった。後発メーカーが勝ち残ろうと思ったら、他社がやらないことをしなければならない。前の会社と同じことをやってもダメだし、当時の業界トップと同じことをしてもダメなことはわかっていたよね。差別化のためには、素材はもちろんだが、サイズと色を豊富にする必要があったわけや」

他社の追随を許さないサイズと色のバラエティの豊富さは、グラント設立の際に、稲井田がビジネスに勝ち抜くための大きな戦略だったのである。

第6章

新規事業への次なる一手

「美と健康」が一大コンセプト

機能性下着の企画製造販売を主軸とするグラントは、18年から本格的に新事業をスタートさせている。グラントはこれまでにも、機能性下着のほか、健康食品や化粧品類の販売を行っているが、設立10周年を迎えた約3年前から、稲井田自らが新たな事業展開を模索してきた。

新事業の一大コンセプトは「美と健康」。18年春の段階で、具体化もしくは具体化しつつある事業は、①フィットネス、②クリニック、③保険——の3事業だ。この3つの事業を柱に、グラントは今後、中長期的な成長戦略を具体化させる考えだ。

このうち、1つ目のフィットネス事業は比較的早い時期から検討されてきた目玉事業といってよいものだ。グラントの本業である機能性下着の販売促進にも繋げていく考えで、グループ全体の収益アップの起爆剤としても期待されている。

グラントの本社がある福井県の地元紙、福井新聞は18年3月18日付の朝刊で、「親子の遊び場×フィットネス　福井駅西口に複合ビル　グラント・イーワンズ　新事業スタート」との見出しで経済面（7面）に次のような記事を掲載した（一部省略）。

女性向け下着販売・卸などのグラント・イーワンズは、木育をテーマとする親子の遊び場と、フィットネスサロンを設けたビルを福井市中央1丁目に建設し、15日に一部オープンした。親子の憩いの空間の創出、健康増進に向けた運動の場の提供により、JR福井駅周辺に人を呼び込む狙いだ。

北の庄通りに建設した「AUBE　FOR　ONE（オーブ・フォー・ワン）ビル」は鉄骨6階建てで、延べ床面積1228平方メートル。1、2階に親子の遊び場をイメージした育児支援施設「ときなる」、3～5階にフィットネスサロン「AUBE　FOR　ONE」がある。同社にとって子育て支援やフィットネスの分野は新事業で、総投資額は約5億円。

ときなるは同日オープンした。東京おもちゃ美術館が設計、監修を担当し、木材をふんだんに使用している。1階は0歳から1歳向けで、なだらかな山のような形状の「たまごプール」を設けており、木製のおもちゃもある。2階は広い空間に多彩な遊具、お

オーブ・フォー・ワンの「トレーニングラダー」

もちゃを配置。おままごとやパズル遊びなどができるコーナーも作った。

フィットネスサロンは4月から営業を始める。日本初導入という「アウトレース」コーナーは、はしごやブランコの形状の器具などを使って数千通りの運動が可能で、グループで楽しみながら取り組める。ボートのオールをこぐような運動ができる「スキルロウ」やランニングマシン、ゴルフのシミュレーション装置なども備えた。

出蔵美帆取締役は「福井駅周辺には家族で遊べる場所が少ないため、ときなるは一緒に楽しめる空間にした。フィットネスサロンはエンターテインメント性を意識しており、運動を楽しいと感じてもらいたい」と話した。同ビルの事業で初年度1億円の売り上げを目指す。

福井駅周辺の商業関係者もにぎわい創出に期待を寄せている。福井駅前五商店街連合活性化協議会の加藤幹夫会長は「この周辺に民間のビルが建つのは久しぶりで、歓迎している。近くの飲食店などとの相乗効果が生まれればいい」と願っていた。

フィットネスと親子で遊ぶ場

福井駅前の商業ビルの新設は、約40年ぶりだった。全国的に郊外型のショッピングモールが増え、駅前商店街に人が集まらない傾向が続くなか、福井の人々にとってグラントのビル建設は朗報だった。記事に紹介されている商店街関係者の声は、福井市民の声を代表するものといってよかった。

オーブ・フォー・ワンは、「健康になるって、快感！」をコンセプトにしたエンターテインメント型の新しいフィットネス。福井のビル内で展開されるスタジオ事業のほか、認定トレーナーを育成し、グラント製品の特徴を最大限に活かしたオリジナルプログラムを基に、全国展開するトレーナー派遣事業の2つがある。

運動をあまりしたことがない、運動に関心がない、運動することに辛いイメージがある、運動をしてみたが続かなかった――。そういった人たちをメインのターゲットに見据えている。従来のスポーツクラブというイメージよりは、癒し、コミュニティーといった要素を前面に打ち出し、みんなで気軽に運動を楽しめる空間という意味を込めた「フィットネスサロン」という位置づけだ。

木育施設「ときなる」の中

こだわりの1つは、トレーニング器具だ。イタリアに本社を置くテクノジム製の器具を設置している。オリンピック大会の選手村に器具を提供しているメーカーで、高性能だけでなく、デザイン性にも優れている。デザインを統一することで、スタジオ内の雰囲気を高め、非日常感を演出している。

中でも「アウトレース」と呼ばれるコーナーは、日本初登場。室内に矢倉のような囲いを組み、その囲いに1人間隔でそれぞれ異なるトレーニング器具をぶら下げて、数千通りのエクササイズが可能だ。トレーナーによって各器具の使い方が異なる場合もあり、工夫次第でバラエティに富んだ利用ができる。

トレーニング器具は、サンドバックやハシゴ状の「トレーニングラダー」、円盤状のブランコのような器具など、さまざま。自由に付け替えが可能で、組み合わせによって異なるトレーニングができる。登ったり、乗ったり、アスレチックのようなエクササイズも。ゲーム感覚の軽い運動から、ハードな全身運動まで対応する。

利用者は自由に利用できるが、グループレッスンも開催。20分間のパッケージトレーニングで、参加者たちはそれぞれ違った器具を順々に使用し、グループ感覚でトレーニングを楽しむことができる。20分間で4周し、周が進むにつれて難易度も変わる。スタジオ内は器具交代ごとに照明や音楽を変えており、高揚感や達成感も味わえる。

トレーナー派遣事業は、グラントが独自にパーソナルトレーナーを育成する。これまでに160人がグラント認定のトレーナー資格を取得しており、全国各地に派遣される見通し。トレーナーはグラントの会員でもあるため、グラントの機能性下着の知識が豊富。トレーニングだけでなく、食事指導、インナーウェアアドバイスなども行い、美と健康のための365日のトータルマネジメントで利用者をサポートする。将来的には都道府県に各10人程度を育成し、全国展開を目指す。


オーブ・フォー・ワンに先立ち、18年3月に開設した「ときなる」は、木のおもちゃで子どもが家族を遊ぶ「木育」施設。想像力を育む木のおもちゃや遊具で遊ぶことで、子ども自らが疑問を生み出し、解決力を身に付けていくことを促す。床に杉の木を使い、天井に越前和紙を取り入れるなど、デザイン性を重視した施設内には約2000種類もの木のおもちゃを揃える。預かり施設ではないので、利用は必ず保護者同伴が必要だ。

1階は、入り口から木のトンネルが続く。トンネルを抜けると、国内外から選び抜かれたおもちゃショップがあり、さらに奥へ進むと、0、1歳児だけが落ち着いて遊ぶことができる赤ちゃん専用の広いスペース。真ん中にはハイハイして登れるゆるい傾斜の山があり、山の中央には卵型のおもちゃがたくさん入った「たまごプール」が設置されている。

2階は、子どもと家族が楽しく遊べるスペース。内側がお椀型にくり抜かれて、滑ったり寝転んだりできる「おわんのすばこ」、木のおもちゃでキッチンやカフェ、お買い物などのごっこ遊びができる「おままごとすばこ」、一段下がったカーペットスペースで子どもと同じ目線で遊べる「はらっぱのすばこ」などがある。

それぞれのコーナーには、そこだけにしかないおもちゃや遊具がたくさんあり、遊び方は自由。ルールがないため、遊び方を考えながら、子どもとのコミュニケーションを楽しむことができる。「ときなる」のおもちゃは、NPO法人芸術と遊び創造協会が認定した「グッド・トイ」を中心に、どの年齢にも対応でき、子どもがお気に入りの一品を見つけるのも楽しみの1つだ。

施設内には、スタッフのほか、おもちゃの魅力や親子や家族での楽しい遊び方などを伝えるボランティアスタッフ「おもちゃサポーター」が見守り、親子や家族を支える。サポーターは独自の養成講座でおもちゃの活用方法やおもちゃを使った親子のコミュニケーションの方法などを学んでいるため、何をしていいかわからない初めての親子でも安心して教わりながら楽しむことができる。

ところで、この「ときなる」を効果的に利用すれば、子育て中の母親でも同じビルでフィットネスを使いこなすことも十分可能だ。

グラントの出蔵取締役は、「フィットネスも含めて、小さいお子さんがいるママさんにも積極的に利用してほしい。ママこそ、体を動かすのは必要だ。フィットネス会員5コースのうち、お母さん限定のママサポート会員（小学3年生以下の子どもの母親が対象）はプレミアム会員の10分の1（3500円）の会費に設定した。例えば、お子さんと一緒に来て、パパやおじいちゃん、おばあちゃんと一緒に『ときなる』で遊ばせているわずかの間でも、体を動かすのはリフレッシュになる」と話している。

ブランド価値を高める医療法人

2つ目のクリニック事業の概要は以下の通り。

稲井田は18年春、医療法人社団翔羊会の実質的なオーナーとなった。事実上の「買収」だが、医療法人は株式会社とは異なるため、厳密には医療法人の経営権を承継したというのが正しい言い方だ。

ここで、医療法人について若干の説明が必要かもしれない。株式会社との違いで簡単に説明すると、医療法人では、株式会社の株主に相当するのが「社員」(会社員の社員とは発音アクセントが異なる)と呼ばれ、株主総会に相当するのは、その「社員」による「社員総会」。したがって、医療法人の最高意思決定機関は「社員総会」となる。

株式会社の取締役に当たるのが「理事」、取締役会は「理事会」と呼ばれる。株式会社と医療法人が大きく違うのは、株式会社の株主は株と株主としての地位が不可分に結びついているが、「社員」の地位は出資持分と必ずしも結合せず、出資持分をまったく持たない「社員」もいるという点。また、医療法人の理事長は、原則として医師か歯科医師でなければならない。

翔羊会は神奈川県横浜市港北区で、JR新横浜駅から徒歩1分の好立地に「新横浜ハートクリニック」(宮山友明院長)を運営する。同クリニックは心臓病治療に特化した専門クリニックで、診療科は循環器内科、心臓血管外科、心臓リハビリテーション科、泌尿器科、整形外科。日本屈指の心臓外科医、南淵明宏氏も診療協力する。

翔羊会とグラントが初めて接触したのは、17年12月末だった。この時期、グラントは前述した通り、オーブ・フォー・ワンのフィットネス事業を展開する最終準備段階に入っていた。ハートクリニックは神奈川県内のクリニックでは初となる心臓リハビリテーションを導入している。グラントとしては、リハビリの専門的な知見は、フィットネス事業に活用できる。

一方、心臓病に特化したクリニックとしては、仕切りの高い心臓病だけでなく、心臓病になりやすい高血圧、糖尿病などにも対応していきたい。オーブ・フォー・ワンと提携することは、相乗効果が期待できる。そして何より、立ち上げ当初で赤字を強いられていたクリニックとしては、資金面での安定的な経営が見込める。グラントが経営権を継承することは、双方にメリットがあった。

現在までに、クリニックから心臓リハビリテーションを行う理学療法士の担当者を講師として福井に派遣し、オーブのトレーナーたちを対象に心臓に関する専門的な知識を高める研修会を開催している。心臓病の術後患者の離床をいかに早め、心拍機能を高めるかのリハビリメソッドは、科学的に安全・安心が確立されており、フィットネス事業との親和性も高い。心臓の悩みがあるフィットネス利用者にも、専門的で安全・安心なアドバイスが可能となる。

また、クリニックの経営を継承した稲井田は、心臓病だけでなく、美容整形分野への展開も検討している。「美と健康」をテーマに掲げるグラントとしては、クリニックを手中に収めた以上、美容整形はぜひとも進出したい分野であることは容易に想像がつく。わたしが取材した限りでは、医療法人側としても、現在のクリニックと切り離した形での美容整形分野への新規参入は十分可能とのスタンスだった。双方で具体的な話が進み、事業展開の大枠が固まれば、一気に動き出しそうだ。

さらに、保険適用外の健康診断にも注力する。もともとクリニックは心臓病を中心とした健康診断を行っているが、稲井田は今後、収益の大きな柱の1つとして、さらに拡大させていきたい考えだ。

翔羊会理事で統括本部長の川田諭氏は「今後はリハビリ面だけでなく、医学的な専門知識を備えた医師がグラントの人材育成セミナーで講演したりすることも考えられる。医療法人としては、グラントの事業に直接関係するわけではないが、間接的にお互いのブランド価値を高めてゆくことは可能。美容整形分野も含めて、どのような形で相乗効果を生み出していけるか、今後、グラントと模索していきたい」と話している。

会員に安全安心を与える保険事業

３つ目の保険事業については、18年6月の現時点で、保険会社の買収を検討中だ。もともとグラントは17年夏から会員向けに共済組合を設立しようと動いていた。しかし、諸事情により、越えなければならないハードルが予想以上に高く、事実上、頓挫した状態だった。そこで、保険会社のM＆Aに動いたわけだ。

詳しい経緯は省略するが、現在、もっとも有力なターゲットは、関東地区に本社がある少額短期保険会社。少額短期保険とは、保険業のうち、一定の事業規模の範囲内において保険金額が少額、保険期間1年以内の保険で保障性商品の引受のみを行う事業。06年の改正保険業法施行でそれまでの無認可共済の運営ができなくなり、代わりにできたのが、少額短期保険だ。「ミニ保険」とも呼ばれる。

共済はそもそも非営利事業。不特定多数ではなく、特定の地域や職域などに所属する人を対象にする。当初、稲井田はグラント会員だけを加入対象としていた。中心となる40代、50代の女性会員に安全安心を提供し、代理店として活躍してほしいという稲井田の強い希望からだ。

だが、少額短期保険会社を買収したとなれば、話が違ってくる。会員向け商品とは別に、独自商品を不特定多数に提案することができる。つまり、グラントの会員たちが加入するだけでなく、グラント会員が日ごろの代理店活動の一環として不特定多数の加入者を獲得することも可能になるわけだ。

稲井田は当該会社の全株式の取得を理想としているが、現時点では先行きは不透明。当該会社の社内事情がやや複雑なことから、紆余曲折も予想される。いずれにせよ、稲井田がいつ、どの段階で最終決断するか、目が離せない。

以上、グラントが今後、成長戦略の柱とする3つの新事業の概要だ。

こうした新事業の展開が軌道に乗り、本業の機能性下着と相乗効果を生めば、グラントの業績はやがて「踊り場」から脱し、さらなる右肩上がりの成長を遂げることになる。その成り行きを、会員だけでなく、業界全体が注目している。

エピローグ

福井県民の信心深さ

稲井田へのインタビューを繰り返しながら、わたしはずっと引っかかっていたことがあった。機能性（補正）下着を主力商品とするグラントが設立から10年で１００億円企業に成長した秘密は、一大繊維総合産地としての福井という地の利があったことは間違いない。ただ、それはあくまでも「商品」としての優位性ではないのか。

「商品」が優れているとして、「商品」を売る「人」たちの多くは、福井とは直接的な関わりはない。グラントの本社社員は福井出身者がほとんどだが、「商品」を売るのは、代理店である。

たしかに、人材育成を柱とするグラントの場合、「商品」以上に売る「人」が優れていることは、これまで何度も見てきた通りだ。しかし、代理店は全国各地にあり、その経営者はもともと福井に関わりのなかった人も多いはず。福井で製造されるメイド・イン・ジャパンの「商品」に惚れ込んでいるとはいえ、その「商品」を売る「人」たちにとって、福井がどのように作用しているのかがわからない。少なくともわたしの取材中は、稲井田がセミナーなどで福井のことを特別に強調するようなこともなかった。

わたしが引っかかっていたのは、グラントの成長にとって、「商品」以外のところで福井がどのように有利に働いているのか、ということだった。わたしは取材者として、福井出身者としての稲井田に、もっとこだわった方がいいのではないか。稲井田を追いかけながら、ある時点でわたしは、その経営手法に福井県人としての要素がどれくらい入り込んでいるかを知りたいと思った。

わたしが注目したのは稲井田の両親と、1人の偉人の存在だった。

稲井田はセミナーなどでよく、「遺伝」、「師匠」、「逆境」、この3つを知れば、その人の経営哲学はわかると言っている。本書で見てきた通り、稲井田の「逆境」は2度の借金であり、稲井田に影響を与えた「師匠」は名経営者、松下幸之助や孫正義たちである。

しかしそれにも増して、何といっても稲井田の「師匠」は、両親のはずである。両親から意識、無意識にかかわらず、多くのことを吸収していることは疑いようがない。そして、何といっても福井出身の両親からの「遺伝」を見過ごすわけにはいかない。

稲井田は福井県人の特徴について、こう語っている。

「福井県は浄土真宗が多いのよね。わりと宗教に熱心な県民だとぼくは思うわ。信心深さがどこからきているのかはわからんが、いろんな県に行くけど、そう思うね。やっぱり教育かな。村単位の習慣というか。わりとお彼岸とか正月とかの行事なんかは熱心やね。お寺が非常にマメよね。それに地域ごとの行事も多いし、盛り上がる。夏祭りとか、敬老会とか。子供の頃からそういうのを見ていて、みなさん受け継いでいる。福井のひとつの文化やね」

稲井田によると、父、母ともに、信仰に熱心だった。ただ、特定のひとつの宗教・宗派に入れ込むことはなかったという。

「両親なりに、さまざまな宗教を勉強していて、幼いころから両親に連れられて色々な宗教関連の施設に行った。行ってみると、わからないなりに何かを感じ取るわけや。『そんなもんかなあ』と。家の中にいても、両親が何か会話をしている時に、たまたま信仰にかかわる話が出て、それをそばで聞いている。だから、自然と宗教的な感覚が身に付いたのかもしれないね」

稲井田は、こう打ち明ける。

幼いころ、両親の影響で自然と身に着けたこの「宗教的な感覚」は、20代の稲井田にある人物との出会いを引き寄せることになる。その人物は、のちに稲井田の人格形成、そして経営手法に大きな影響を与えることになる。

人物の名は、廣池千九郎（１８６６〜１９３８）。法学者であり歴史学者、教育者、道徳倫理活動家とも言われる。幕末の大分・中津に生まれ、14歳で小学校の補助教員。30代で歴史学、法制史学を学び、46歳の時に独学で法学博士の学位を取得。早稲田大学講師や神宮皇学館教授などを務めた。

その後、廣池は重い病気にかかり、生死をさまよう。その時の体験から、「成功と幸せは違う」と悟り、人間がより幸せに生きるための指針を見出そうと奮起したとされる。その成果は、「道徳科学（モラロジー）」と名付けられ、体系化されている。廣池は、近江商人の「三方良し（売り手よし、買い手よし、世間よし）」を人生の指針（自分よし、相手よし、第三者よし）として説いた。また、麗澤大学（千葉県柏市）を運営する学校法人廣池学園や、道徳・倫理に基づいた社会教育を推進する公益財団法人モラロジー研究所の創立者としても知られる。

じつは、稲井田は20代のころ、モラロジーの青年部で活動したことがある。期間にして10年余り。それ以降は活動から離れているが、当時は、「夢中で活動した」という。

「今の経営に活かされているか」とのわたしの質問には、稲井田は声に力を込めて「もちろん生きている」と大きくうなずいた。「そこで人格形成ができたみたいなもんや」とまで語っている。

「道徳科学」は公益財団法人であって、宗教法人ではない。人間性・道徳性を前面に打ち出してはいるが、倫理や道徳を強調した事業を展開する研究教育団体である。

ここで「道徳科学」についての詳しい解説はしない。ただ、稲井田の経営論とのかかわりの中で最低限の紹介をしてみたい。

わたしの手元に、廣池千九郎著・廣池幹堂編『「三方良し」の人間学――廣池千九郎の教え105選』(PHP研究所、2014年)という本がある。廣池の数ある著作から、エッセンスを抽出した普及版だ。この中から、任意に廣池のいくつかの言葉を引いてみる。読者は、これまで本書で語られた稲井田の言葉を念頭に、読んでもらいたい。


何か善い行いをするときには、相手からのお礼を期待せず、むしろ「こちらからの一方通行で構わない」という気持ちで行いましょう。道徳的な行為とは、本来自分を犠牲にして行うものであり、見返りを目的とするものではないからです。(中略)相手の出方によって腹を立てたり不満を感じたりするのは、見返りを求める利己的な心があるからです。そうではなく、純粋に相手の幸せを願って行い、報われればそれを素直に受け、報われなくても相手の幸せを祈る気持ちを忘れないようにしたいものです。(中略)道徳的行為は「ギブ&テイク」ではありません。あくまで犠牲的に行うものなのです。(24〜25頁)

人生で真に価値があるのは、日々の生活の中で道徳的な生き方を志し、人格を磨き、品性を向上させていくことです。(中略)生き方のことなどわざわざ考えなくても、一時的にお金を儲け、瞬間的に快楽を味わうことはできるかもしれません。しかし、人を幸せにできない人生に、どれほどの価値があるのでしょうか。(中略)世の中の「幸せの量」を増やしていくために、道徳的な生き方を身につけ、よりよい心づかいと行いを実践することを最優先しましょう。(中略)それ以外は、二の次に考えればいいのではないでしょうか。(26〜27頁)

私たち人間は、宇宙の現象の一つとして地球上に生存しています。宇宙の現象、つまり自然界の現象は、すべて「原因と結果」の法則に支配されています。何か原因があればその結果としての現象が生まれ、何か結果があればその原因として現象が存在する——

これは自然界の大法則であるといえます。（中略）もともと私たちは、自分の意志とは関係なく生まれ、自然の法則に従って生きているのです。ということは、大自然を生み出した大いなる宇宙の力によって生かされている、という見方もできるはずです。こうした真理を自覚し、謙虚な気持ちになることができたら、私たちは利己心を捨て、大いなる力を同化することを志すべきです。そして、万物を生み育てる大自然のような無私の心、慈悲の心で人のために尽くしていくのです。（44〜45頁）

苦難に遭ったときは、私たちがより強く、より大きく成長していくために、天から与えられた試練であると考えてみてはどうでしょうか。どんな経験も自分の人生にとって、ゆくゆくはプラスになるのです。そう思って感謝して受け止めれば、苦しみではなくなっていくはずです。そして苦難を乗り越えたとき、一回り大きく、優しくなった自分を発見することでしょう。（88〜89頁）

人生において学力、知力、財力、権力よりも価値のあるものとは何でしょうか。それは「徳」です。徳とは、道徳的な心づかいや行いを積み重ねていくことによって形成される能力であり、「品性」ともいえます。徳を積み、品性が高まれば、学力、知力、財力、権力を世のため人のために有効活用できるようになります。（112〜113頁）

ただ儲けようという気持ちだけで商売を始めると、安く仕入れて高く売ろうとか、少々傷んでいても売ってしまおうといったことをつい考えてしまうものです。そうした店主の心は商品やサービスに表れて、お客にも伝わってしまうのです。（中略）物を売るにしても、まず、商売を通してお客の役に立ちたい、お客に喜んでもらいたい、そのためにはどうすればよいか、という道徳的理念を築かなければなりません。そうした精神のものとで商売を行えば、真に喜ばれる商品やサービスが提供できるようになり、結果として繁盛することになるのです。（208〜209頁）

幼いころの家庭環境とともに、20代の多感な時期の「道徳」への傾斜は、稲井田の経営手法の中核を形づくっている。経営者としての稲井田には、両親から受け継いだ、福井県人の信心深さがしっかりと根付いている。その信心深さは、やがて稲井田の経営哲学の基礎のひとつとなる「道徳的経営」となるのである。

「稲井田以後」のこと

グラントという会社は今後どうなってゆくのか、一連の取材を通して感じたわたしなりの見立てを書いておこう。

グラントは18年13期に年商150億円、さらにグループ全体で25年20期に年商1000億円という目標を掲げている。100億円を1とすると、10期からそれぞれ3年後に1・5倍、10年後に10倍の増収を見込むことになる。

現時点で、グラントの柱となる成長戦略は、新商品の展開のほか、アジアを中心とした海外事業の拡大、18年から本格的に始まるフィットネスなどの新規事業、それにクリニックを買収するなど、M&Aだろう。だだ、わたしの印象として、11期目から稲井田のいう「踊り場」に入ったグラントが、かりに3年後に1・5倍の売り上げを達成できたとしても、10年後に10倍の売上高を達成する道筋を強く印象付けるような成長戦略はまだ公表されていない。

もちろん、グラントは上場企業ではないから、株主向けの詳しい長期計画を公開する必要はない。わたしの印象では、おそらく、稲井田が掲げる年商1000億円という数値は、会社としての具体的な目標というよりは、「かくあらねばならぬ」という稲井田個人の決意表明のようなものなのだろう。

長年、上場企業を取材してきた経験から、経営者の後継問題については触れてもよいと思う。グラントが今後どうなっていくか、その展望を占ううえで最大の焦点となるのは、「ポスト稲井田」の行方だ。

稲井田は67歳。25年には75歳になる。経営者としては、そろそろ現役引退の文字が念頭にチラつく年齢だろう。

稲井田周辺への取材で、稲井田引退後のイメージについて、何人かのグラント関係者に聞いてみたが、彼女たちはそろって困惑を隠さなかった。

あるトップリーダーはいう。

「イメージはあまり湧かせたくないというのが本音で、いつまでもいてくれるとどっかで思っていますよね。そこには誰も触れないようにしているのかなと思います。後継者についても、わたしらが決められることじゃないですから。わたしらは目の前のことを一生懸命やるしかないです」

おそらく、これがグラントの人々の本音ではないか。

グラントもまた例外ではないはずだ。グラントが今後、20年、30年と成長してゆくとすれば、稲井田の引退は避けられず、次に「ポスト稲井田」が誰になるかが最大の関心事となるのは必至だ。その後継者を指名できるのは、稲井田ただ独りなのである。

稲井田は、グラントが主催する経営者育成セミナーを10期目までは中心になって担ってきた。11期目からは、講演だけでなく、セミナーの運営も含めて周囲に任せるようになった。稲井田には、10年間で十分、人は育ったという自負があった。周囲の誰もが「社長、まだ元気なんだから、やってくださいよ」と懇願したが、稲井田は言った。「元気なうちに引退すれば、君たちが何かあった時にいつでも駆けつけることができるやろ。だからぼくは今、辞めるんだ」。

しかし、12期目から、稲井田はセミナーに再び姿を見せるようになった――。

じつは、10期目を終えて稲井田がセミナーに顔を出さなくなったのは、側近、百合本の進言があったためだ。10年を境に、百合本が稲井田にあえて現場を退いてもらったのである。百合本は「無理矢理、抜けてもらいました」と明かす。

百合本には、いま退かないと、今後も稲井田はずっと現場に立つことになるという予感があった。ずっとやるか、退くか。

そこで百合本は「いま退かいないと、人が育ちませんよ」と稲井田に忠言した。会社を今より大きくしようと思えば、経営トップが成長戦略を練る時間が一番大事になる。トップが現場を回っていると、その時間がなくなることを心配しての進言だった。

いったんは退いた稲井田だが、再び現場に姿を見せている。百合本は「心配だからでしょう」と稲井田の心境を代弁する。

たしかに、稲井田の心配もうなずける。実際、稲井田が現場を抜けた間は、セミナーの参加者の人数が減ったところもあるようだ。だが百合本はいう。

「見守ることも大事で、(現場に)任せきった方がいいとわたしは思っています。稲井田はそれが心配で、時にあちこちに顔を出した方がいいという考えですが、わたしは真逆。稲井田は現場が好きで、みんなも稲井田に会いたいのはわかっています。でも、わたしは現場を退いてほしい。こうなったら、わたしも現場から引いてみようと思っています。『社長がGSSにいてくださるので、わたしは来年からGSSを抜けさせていただきます』、と脅してみようかな」

最後は冗談としても、経営的にはどちらが良いかは微妙なところだろう。確かに、百合本が言うように、トップは経営戦略を立てて、事業の大きな舵取りをするのが最も重要な仕事だ。後継者の人材育成には、現場の新陳代謝も欠かせない。

だが、もともとグラントという会社は稲井田という特異なキャラクターによって成り立っている。稲井田が精力的に現場に出続けることによって、現場のやる気が高まり、業績を伸ばしてきたことも事実だ。稲井田が現場から抜けるその代償は、予想以上に大きいはずだ。おそらく、稲井田はそれを誰よりもよく理解していて、現場に復帰したのではないか。

一方で、年齢は誰もが平等に重ねてゆく。グラントがこの先、さらに成長し続けるためには、良くも悪くも稲井田という生身の経営者の代替わりを想定しておかなければならない。もちろん、「一蓮托生」「美学と品格」といった企業理念はそのまま継承されるとしても、だ。

この先、経済がどのように動くのか、誰も予測が不可能な時代がやってくる。代理店を含めたグラント全体が今までのような稲井田依存を続けていては、急激な変化に対応することがますます難しくなるだろう。グラントのトップリーダーたちは聞きたくもない話かもしれないが、稲井田という存在自体を、理念にまで高めておく必要があるのではないか。

そうした意味でも、現時点で手始めとして比較的やりやすいのは、百合本が指摘するように、まずは現場から稲井田カラーを徐々に消していくことかもしれない。

百合本は、グラントが10年間で売上100億円を達成した秘訣について、「やっぱり、みんなのワクワク感ですね。結局、みんなの感情の集合体が、会社の結果になるんです」と分析する。

「人のワクワク感は、まあ10年間が限度ではないでしょうか。もう一度、ワクワク感を取り戻すためには、空気を入れ直すか、あるいは選手交代しかないと思っています。新規事業か、人材を代えるしかない。わたしは人の感情を変えるのは大変なので、選手交代が良いと思っていて、次世代を育てる方を重視しています。いずれにしても、3年はかかります。新規事業や選手交代が加速し始めるには時間とエネルギーが必要で、3年間は停滞が続くとわたしは見ています」

百合本は、3年間は停滞が続くという自分の直感を稲井田本人に伝えると、稲井田は、反論するでもなく、同意するでもなく、黙って聞くだけだったという。

稲井田は自身の後継者について「今の段階で決まっていない」と明言する。「グラントの中で結果を出した人やね」。血の繋がりについて聞くと、「まったく関係ない」。ただ、世襲についての意見を求めると、「上場企業なら問題はあるかもしれないけど、ウチは上場していないからね。世襲に特別な抵抗感はないね」と話した。

長男について稲井田は、「息子は継ぐ気ないもんね。まったく無関心」とそっけない。

「娘さんは」との問いには、

「娘か。どうかな。まだ子供、小さいしな。次女が今、ぼくに付いて回っているから、もしかしたら次女かなとも思うし。これから始まるフィットネス事業を成功させたら、次があるかな。結果次第だね。長女？　まんざらでもなさそうだな。まあ、本人には何も言ってないけど」

ちなみに、長女の石倉祥代、次女の出蔵美帆は登記上、グラントの取締役に就任している。２人とも本社で総務畑を担当しているが、出藏は数年前からセミナーに本社スタッフとして参加し、新規事業のフィットネス事業も担当している。

稲井田は、70歳までは現場に出ていてもいいかなと思っている。ただ、現場は引くが、現段階で引退する意志はない。生涯現役を貫くつもりだ。というのは、名前だけでも稲井田がいるというだけで、現場の雰囲気も違ってくると思うから。これはグラントの人々の共通の願望といえるかもしれない。稲井田は「百合本なんかは『生きてるだけでいいから』って言っている」と笑う。

今のところ、グラント関係者の誰もが、稲井田の後継は大阪の百合本だと思っているはずだ。そのことをただすと、稲井田は意外なことを明らかにした。

「百合本は2番手でいきたいと言っているのよ、百合本本人は。だから、百合本が推薦しているのは、次女やね。美帆がいいと。なぜかというと、百合本をトップに立てた時、代理店の間で嫉妬が起きないとも限らんからね。百合本は『身内を立ててください。わたしは2番手でいきます』と、こんな感じやね」

そう遠くない将来、稲井田の経営者としての真価が試される時がやってくるはずだ。

装丁　浅利太郎太

小野寺茂　（おのでら・しげる）

1970年生まれ。埼玉県出身。早稲田大学第二文学部卒。明治大学大学院修士課程修了(政治学)。ライター。ジャーナリスト。地方新聞記者を経て、月刊経済雑誌『ZAITEN』(旧『財界展望』)編集部所属。15年より同誌嘱託記者。上場企業から消費者問題まで、幅広く取材、執筆する。
著書に『「定食酒場食堂」の奇跡』がある。

100億円《おくえん》企業《きぎょう》を築《きず》いた愛《あい》と絆《きずな》と感謝《かんしゃ》

2018年10月11日　初版発行

著　者　小野寺茂
発行人　佐久間憲一
発行所　株式会社牧野出版
〒604－0063
京都市中京区二条油小路東入西大黒町318
電話 075-708-2016
ファックス（注文）075-708-7632
http://www.makinopb.com
印刷・製本　中央精版印刷株式会社

内容に関するお問い合わせ、ご感想は下記のアドレスにお送りください。
dokusha@makinopb.com
乱丁・落丁本は、ご面倒ですが小社宛にお送りください。
送料小社負担でお取り替えいたします。